高等学校规划教材·力学

工程力学实验

耿小亮　主编

西北工业大学出版社

西安

【内容简介】 本书是材料力学、理论力学以及工程力学基础课程的配套实验教材。实验内容基于课程内容及实验室条件设计编写,内容包括基础型实验、综合型实验、创新型实验、动力学实验及实验设备介绍五章。本书的实验内容经过多年的教学实践检验,基础型实验能够有效地加深学生对理论课程知识点的理解,综合型实验能够提高学生的实践能力,而创新型实验能够培养学生通过实验设计探索科学问题的精神。

本书可作为高等学校本科、专科学生学习材料力学、理论力学和工程力学实验课程时的实验指导书,也可供从事材料力学性能测试和结构应力测试的专业人员参考。

图书在版编目(CIP)数据

工程力学实验 / 耿小亮主编. — 西安 : 西北工业大学出版社,2021.7

高等学校规划教材. 力学

ISBN 978 - 7 - 5612 - 7762 - 1

Ⅰ. ①工… Ⅱ. ①耿… Ⅲ. ①工程力学-实验-高等学校-教材 Ⅳ. ①TB12 - 33

中国版本图书馆 CIP 数据核字(2021)第 132788 号

GONGCHENG LIXUE SHIYAN

工 程 力 学 实 验

责任编辑:胡莉巾		**策划编辑:**何格夫	
责任校对:王玉玲		**装帧设计:**李　飞	

出版发行:西北工业大学出版社

通信地址:西安市友谊西路 127 号　　　　**邮编:**710072

电　　话:(029)88491757,88493844

网　　址:www.nwpup.com

印　刷　者:兴平市博闻印务有限公司

开　　本:787 mm×1 092 mm　　1/16

印　　张:7.25

字　　数:190 千字

版　　次:2021 年 7 月第 1 版　　　2021 年 7 月第 1 次印刷

定　　价:30.00 元

前　言

　　材料力学、理论力学和工程力学是高等学校重要的力学基础课,对学生此后相关科目的学习起到重要的支撑作用。设置与课程紧密联系的实验:一方面可使学生形成感性认识,加深对概念、原理的理解;另一方面能培养学生的实践能力和从实践中发现问题、解决问题的科研品格。

　　在多年使用"工程力学实验讲义"积累的经验基础上,针对教学理念的变化和实验技术的升级,笔者编写了本书。本书的特点是:突出对学生创新精神的引导,重视实验内容的理论背景,提倡针对实验内容在课前广泛搜集资料和预习,鼓励学生在实验中独立探究和质疑,建议学生以科研论文的风格编写实验报告。期望学生不仅能将力学实验课程作为获取知识的平台,更能通过做力学实验培养创新精神。

　　本书编写组主要成员为耿小亮、张柯、敖良波、杨未柱、元辛、刘军,另外,西北工业大学力学实验室的其他同志也对本书编写提供了各种帮助。

　　在编写本书的过程中,承蒙苟文选教授、王安强副教授等人的大力支持与帮助,在此表示感谢! 此外,编写本书曾参阅相关文献,在此也对这些文献的作者表示感谢。

　　由于水平有限,书中难免存在不足之处,恳请广大读者批评指正。

编　者

2021 年 2 月

本书使用符号说明

　　根据本领域最新的国际标准化组织(ISO)系列标准和中国国家标准(GB)，许多力学名词的标记符号与传统不同，然而根据新近发表的科学文献、教材和行业应用习惯，使用传统符号仍旧为主流。为便于读者阅读和交流，本书仍旧采用了传统符号标记。

实验室安全注意事项

（1）未经指导教师许可，不触碰任何开关。

（2）在实验进行中，实验设备不可无人值守。

（3）在培训结束及指导教师允许后，才能使用实验设备。

（4）如果发现设备异常或故障，立即报告实验指导教师或助理教师，不可尝试自行维修。

（5）仔细阅读各处标牌和标签。

（6）在指导教师提出要佩戴防护用具时，必须按照要求佩戴。

（7）将长发和宽松服装收拾好并扎紧。

（8）保持工作区域的干净整洁。

（9）实验用完的耗材和试样应当丢弃在收集盒中。

（10）离开实验室前，要正常停止设备，关闭设备电源，并清理工作区域。

（11）本实验课中可能存在的安全风险主要是机械碰伤和夹伤、电烙铁烫伤、断裂试样残渣的意外弹出、胶水粘住皮肤等，尽管发生的概率非常低，但仍须关注风险。

目　　录

第1章 基础型实验

1.1 金属材料拉伸、压缩破坏实验

预习问题：

(1)回顾如下名词的定义：强度、杨氏模量、断后伸长率、断面收缩率、硬化特性。

(2)何谓各向同性材料？哪些常见材料是各向同性的？何谓各向异性材料？哪些常见材料是各向异性的？

(3)什么是金属拉伸试样的比例试样？什么是非比例试样？

    材料的拉伸、压缩实验是材料的力学性能测试中基础的实验方法，通过试验设备在可控的条件下对试样施加轴向的拉伸或压缩载荷，对材料变形和断裂特征进行观测，同时获取材料的基本性能数据，如强度、杨氏模量、断后伸长率、断面收缩率和硬化特性。应用这种实验评价性能的主要材料为各向同性材料，尤其是金属、塑料等，而针对各向异性材料，则要用更加多样且复杂的实验方法对力学性能进行测试评估。较早专门针对材料的力学性能进行测试的工作可见于达芬奇(1452—1519年)的研究工作笔记中，他研究了不同长度铁丝的拉伸强度问题，如图 1.1.1 所示。这些早期的实验研究工作可能有些粗糙，甚至存在一些错误，但这些探索就是科学发展漫长道路上的一个个永恒的足迹。

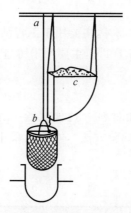

图 1.1.1　达芬奇研究铁丝断裂问题的示意图

    材料的化学成分、冶炼过程、热处理工艺、服役环境等都对材料的力学性质有重要影响，因此并不能通过单一状态的力学实验获取某种材料全面的力学性能。比如常见的合金高强度钢30CrMnSi，在不同热处理状态，其强度有明显差异，因此拉伸、压缩实验的测试数据也是结构设计时材料选择、工艺选择的基本依据。

由于材料的力学性能实验被广泛应用,为提高测试方法的一致性和对结果的认可度,世界上许多国家及国际组织编制了相关的试验标准,以对试样和试验方法进行限制和建议。比如国际 ISO 标准、德国 DIN 标准、美国 ASTM 标准、日本 JIS 标准,我国则有国家标准 GB(见图1.1.2)或国家军用标准 GJB,还有航空标准 HB 等与其对应。这些标准在工业产品研发、制造和评价领域多数时候是强制执行的,而在学术研究中,有时受限于材料的特殊性和有限性,可能会采用非标准的试样或试验方法进行测试。

ICS 77.040.10
H 22

中华人民共和国国家标准

GB/T 228.1—2010
代替 GB/T 228—2002

金属材料　拉伸试验
第 1 部分:室温试验方法

Metallic materials—Tensile testing—
Part 1:Method of test at room temperature

图 1.1.2　国家标准文本

1.1.1　实验材料

(1)低碳钢 Q235,含碳量低于 0.3%,主要用于工程结构和建筑,具有低强度和高韧性。
(2)灰口铸铁 HT150,含碳量高于 1%,主要用于铸造设备基座等,具有低强度和低韧性。

1.1.2　拉伸和压缩试样

根据 GB/T 228.1—2010《金属材料　拉伸试验　第 1 部分:室温试验方法》和 GB/T 7314—2017《金属材料　室温压缩试验方法》,本实验采用的拉伸试样如图 1.1.3 所示,压缩试样如图 1.1.4 所示。

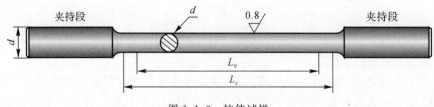

图 1.1.3　拉伸试样

拉伸试样通常分为 3 段,两侧为夹持段,根据实验设备夹持方式可能是光滑圆棒、螺纹或台阶等形式,中间部分为平行段,平行长度为 L_c,平行段直径为 d。为测量试样的伸长,定义并标记平行段内一部分长度为标距 L_0,标准试样 L_0 通常为 5 倍 d 或 10 倍 d,称之为比例试样。平行段和夹持段之间需要有圆弧过渡段,较大的圆弧半径可减轻应力集中效应,避免试样从该处断裂。

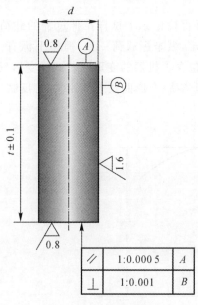

图 1.1.4　压缩试样

图 1.1.5　压缩试样两端的应力
集中情况(仿真结果)

　　压缩试样通常为短柱状(见图 1.1.4),本实验中采用的横截面为圆形。试样在承担压缩载荷时,两端面与试验机压缩夹具之间将存在较强的摩擦力,使得端面的横向变形受到限制,并在两端附近形成应力集中区域。图 1.1.5 为数值仿真所得的两端由于夹具而受限状态下的变形特征和应力分布,可见,在两端受限条件下,端部的应力集中区域范围很大,因此较短的试样受到端部应力集中的影响很大,很大程度上影响实验结果。因此,试样需要有一定长度,但过长的试样容易在压缩载荷条件下产生压缩失稳,因此压缩试样的高度通常为 2～5 倍直径。

1.1.3　实验设备和工具

(1)电子万能试验机(详细介绍见 5.1 节)。

(2)液压万能试验机(详细介绍见 5.1 节)。

(3)游标卡尺。

1.1.4　实验目的

(1)观察试样在加载过程中的变形特征以及破坏后的断口形貌,了解这些特征反映出的机理。

(2)测试材料的力学性能典型值,如屈服强度 σ_s、抗拉强度 σ_b、断后伸长率 δ_5 或 δ_{10} 和断面收缩率 ψ、抗压强度 σ_b 等。

（3）了解万能材料试验机的结构与工作原理，能独立操作实验设备。

（4）培养对实验数据与结果的整理、分析能力以及撰写实验报告的能力。

1.1.5 实验原理和方法

1. 低碳钢拉伸实验

试验机给试样两端加载，产生轴向拉力，试验机可直接记录下试样拉伸过程的载荷-横梁位移曲线（见图 1.1.6）。该曲线与载荷-变形曲线相比，纵坐标载荷一致，但横坐标有一定差异，其原因为：横梁的位移量不仅包含试样的变形，还包含了机器的变形。若试样变形量较大，占了横梁位移量的主要部分，则载荷-横梁位移曲线和载荷-变形曲线大体相同，可反映试样的变形程度。

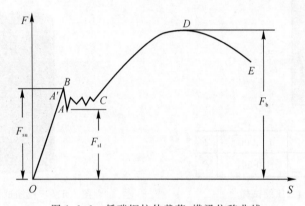

图 1.1.6 低碳钢拉伸载荷-横梁位移曲线

由图 1.1.6 可知，拉伸曲线显示出弹性、屈服、强化和颈缩 4 个阶段，其中前 3 个阶段为均匀变形阶段。

（1）OA' 段为弹性（elasticity）阶段。所谓弹性阶段是指此阶段内变形是可恢复的，也就是卸载无残余变形，其物理机制为：原子间距在外力作用下发生改变，所施加的外载荷抵抗原子间存在的吸引力和排斥力。因此在弹性阶段，存在一比例极限点 A，对应的应力为比例极限 σ_p，在此应力水平以下，变形和载荷之间的关系是线性的，OA 段也被称为线弹性阶段，因此材料杨氏模量 E 应在此范围内测定。

（2）BC 段为屈服（yielding）阶段。金属材料屈服意味着发生了塑性变形，其物理机制是微观尺度的位错运动。对于退火状态的低碳钢，屈服过程的曲线表现为上下波动的锯齿状，表明在此阶段载荷在很小范围内高低变化，而变形持续增加。在此阶段中需测试屈服点。由于锯齿波的存在，就存在上屈服点和下屈服点。上屈服点对应拉伸图中的点 B，记为 F_{su}，即试样发生屈服前载荷的最大值；下屈服点记为 F_{sl}，是指屈服阶段中载荷的最小值。由于屈服过程载荷波动曲线特征的差异性，确定下屈服点还有一些方法，可参考国家标准。测出材料的屈服载荷后，可按下式计算材料的屈服极限：

$$\sigma_s = \frac{F_s}{A_0}$$

但是，多数金属材料及非金属材料，甚至本实验中所用的低碳钢在其他状态，在屈服阶段不表现出锯齿状的载荷波动现象，曲线通常表现为由弹性段到塑性段光滑过渡，这种情况下的屈服载荷就不再使用波动段的下屈服点表示,而是采用人为规定并被广泛接受的指标,将对应非常微小的残余变形的载荷值作为材料屈服点。

(3)CD 段为强化段,也称为硬化(hardening)段。强化标志着材料可以承担更大的后续载荷,强化段的斜率表征了材料抵抗后续变形的能力。如果在强化阶段卸除载荷,弹性变形部分会随之消失,而塑性变形部分将会保留。在强化阶段卸载时,载荷和变形的卸载曲线与弹性阶段平行。卸载后重新加载时,加载曲线仍与弹性阶段平行。再次加载时,材料的比例极限明显提高,而塑性性能会相应下降(见图 1.1.7)。这种现象称为形变硬化或冷作硬化。冷作硬化是金属材料的重要性质,工程中利用冷作硬化可进行如挤压、冷拔、喷丸等工艺。图 1.1.6 中 D 点表示拉伸过程中的最大载荷 F_b,也称之为极限载荷。由极限载荷可计算材料的抗拉强度 σ_b,计算公式为

$$\sigma_b = \frac{F_b}{A_0}$$

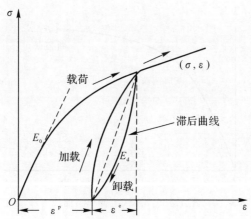

图 1.1.7　加载后卸载,然后再次加载的曲线

(4)DE 段为颈缩(necking)阶段。载荷达到最大值 F_b 后,变形将在局部发生,表现为在试样上形成颈缩(见图 1.1.8)。试样的承载面积急剧减小,试样承受的载荷也不断下降,直至断裂。将断裂后试样拼合在一起观察,可见试样比原始长度伸长了许多,这表明低碳钢拉伸产生的塑性变形较大。材料的塑性性能通常用试样断后残留的变形来衡量,轴向拉伸的塑性性能通常用断后伸长率 δ 和断面收缩率 ψ 来表示,其计算公式为

$$\begin{cases} \delta = (L_1 - L_0)/L_0 \times 100\% \\ \psi = (A_0 - A_1)/A_0 \times 100\% \end{cases}$$

试样断裂后,断口的位置未必刚好处于试样长度中间,而是可能处于测试段两端。如果断裂位置处于标距线以外,则本试验数据无效;如果处于标距内侧,但与左或右标距线距离不超过 $L_0/3$,则需要采用移位法测试断后伸长率,相应的方法参考国家标准。

问题:在颈缩阶段载荷快速下降,作用在材料中的拉伸应力是在下降还是上升?

2. 铸铁拉伸实验

本实验选用的灰口铸铁是典型的脆性材料,拉伸过程的载荷-横梁位移曲线如图 1.1.9 所示,由图可见,铸铁拉伸过程直线段较短随后伴随非线性阶段,总变形量很小即发生断裂。铸铁在拉伸过程未能观察到屈服现象,断裂前试样不存在颈缩现象。故仅对抗拉强度 σ_{bt} 进行计

算,用实验测得的最大力值 F_{bt},除以试样的原始面积 A_0,就得到铸铁的抗拉强度 σ_{bt}。由此可得

$$\sigma_{bt}=\frac{F_{bt}}{A_0}$$

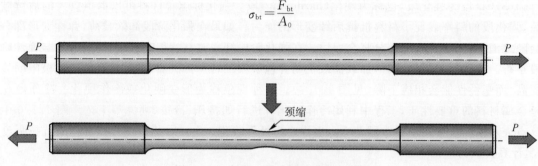

图 1.1.8　加载后低碳钢试样发生颈缩

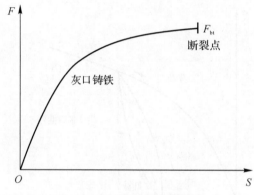

图 1.1.9　铸铁拉伸典型曲线

3.低碳钢和铸铁拉伸破坏断口对比

宏观上可见低碳钢拉伸破坏前存在颈缩,且破坏发生于颈缩处;铸铁拉伸无颈缩(见图 1.1.10)。观察低碳钢拉伸断口局部,可见断口处形成不完整的杯状,内壁面呈现 $45°$ 倾斜的剪切唇,较为光滑,在杯底处呈现粗糙的平面。铸铁的断口则呈现为大体上的平面,宏观观察显示出细小颗粒状组织。

图 1.1.10　拉伸破坏断口(左为低碳钢,右为铸铁)

采用显微观测设备观察断口微观形貌,在不同放大倍数下,其断口形貌特点非常明显。尤其在高倍数电子显微镜下,低碳钢断口为大量的韧窝(见图 1.1.11),其破坏过程如图 1.1.13

所示。这种破坏主要是在材料内部微缺陷（合金中的杂质、析出物、晶界等）附近产生大量空洞,并且扩张、聚合进而断裂,此种断裂形式被称为延性或韧性断裂(ductile fracture)。铸铁断口则为可见铁素体基体上存在的石墨颗粒(见图 1.1.12),石墨对基体有割裂作用,且铸铁内部夹杂和气孔分布较多,故表现为脆性断裂(brittle fracture)。

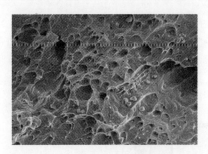

图 1.1.11　韧性材料断裂微观特征

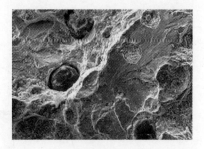

图 1.1.12　脆性材料断裂微观特征

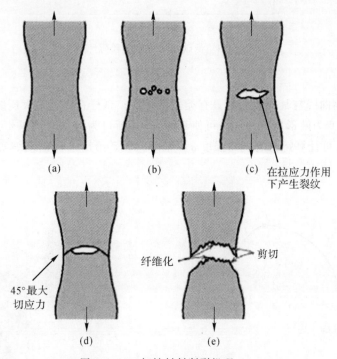

图 1.1.13　韧性材料断裂机理

4.低碳钢压缩实验

在低碳钢压缩实验过程中,要保证试样端面与垫块之间均匀接触、均匀受压,压力通过试样轴线。图 1.1.14 给出了低碳钢压缩实验的支承、曲线和变形情况。压缩曲线与拉伸曲线在强化阶段前有相同的特征,即存在弹性、屈服和硬化阶段,但作为韧性材料,试样不会被压缩断裂,而是压缩为鼓形。这是由于试样两端面与试验机支承垫块间存在摩擦力,约束了局部横向变形,故试样出现显著的鼓胀现象。为了减小鼓胀现象,可将试样端面制成光滑的,并在两端面涂上润滑剂,以最大限度地减小摩擦力。由于试样越压越扁,横截面面积不断增大,试样抗压能力也随之提高,故曲线在塑性变形阶段是持续上升且很陡的。从压缩曲线上可以看出,塑性材料受压时在弹性阶段的比例极限、弹性模量和屈服阶段的屈服点(下屈服强度)与拉伸时相同,然而其压缩屈服现象不像拉伸实验时那样明显。由于低碳钢类塑性材料不会发生压缩破裂,一般不测定其抗压强度(或强度极限)。

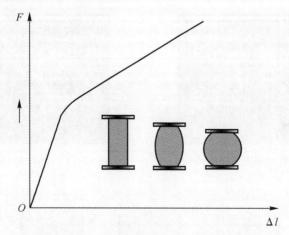

图 1.1.14   低碳钢压缩典型载荷-变形曲线

5.铸铁压缩实验

铸铁的压缩曲线与其拉伸曲线具有类似的特征。试样在到达最大压缩载荷时有可见的塑性变形,圆柱形变为鼓形后持续加载可使其破坏,其断口为与轴线约成45°的斜截面。测出压缩破坏载荷 F_b,可计算铸铁的抗压强度 σ_b。图 1.1.15 给出了铸铁压缩实验载荷变形曲线和试样断口情况。

(a)   (b)

图 1.1.15   铸铁压缩典型载荷-变形曲线和试样断口

1.1.6   实验步骤

1. 准备试样

低碳钢拉伸试样:在试样上画出长度为 L_0 的标距线,并把 L_0 分成 n 等份(一般为 10 等份)。对于拉伸试样,在标距内侧两端及中部三个截面,沿两个相互垂直方向测量直径,以其平均值计算各横截面面积,再取三者中的平均值为试样的横截面积 A_0(注意,在最新的国家标准中,A_0 以平均面积计算)。对铸铁拉伸试样,由于本项实验不测其断后伸长率,故不做标距,也不测量长度。对于压缩试样,以试样中间截面相互垂直方向直径的平均值计算 A_0 即可。

2. 调整试验机

按照实验内容,调整夹具,并确保夹具安装可靠。选用合适的实验程序文件,并按照程序要求输入加载速度、载荷限制、安全保护参数、试样尺寸、需计算的数据等内容(试验机使用方法见 5.1 节),通常将加载速度调整为 $1\sim3$ mm/min。

3. 安装试样

拉伸实验:通常先将拉伸试样一端夹持到上夹头中,为确保夹持牢固,夹持段要进入夹块 2/3 以上,并夹紧上夹头。随后将设备的载荷显示清零,再操作调节横梁按钮,调整试验机横梁位置,在确保下夹具开口足够的情况下,使试样另外一夹持段进入夹块 2/3 以上,夹紧下夹头。此后观察载荷读数,通常载荷不为零,这是由于试样两端均被夹持产生的真实载荷,无需消除。

压缩实验:将试样放在下部支撑垫块上,调整试样轴线和试验机压头轴线基本重合,将防护网罩在试样上。

4. 实验阶段

开始加载:启动加载程序,则自动控制试验机横梁移动实现缓慢加载。实验过程中,注意观测屈服现象和 F_s 值,同时观察加载过程中的曲线和试样变形。

停止加载:试样破坏后按下停止按钮,对于拉伸试样,可分别打开上下夹头,取出试样。对于压缩试样,则需手动调节横梁位置向上移动,再取出试样。

5. 观察测量

观察断口形貌,并使用放大镜或显微镜观测断口的微观特征。随后将低碳钢拉伸试样拼合,测量标距新的长度 L_1,并测量颈缩部位直径 d_1,分别带入公式计算断后伸长率和断面收缩率。

6. 数据处理

将实验过程获取的载荷和横梁位移数据输出,并可选择打印实验报表。

1.1.7　实验结果处理

(1)根据输出的原始数据,使用 Excel 等数据处理软件,绘制载荷-横梁位移曲线。

(2)根据记录的试样尺寸和实验过程中记录的典型载荷值,计算低碳钢的 σ_s,σ_b,δ 和 ψ,铸铁的抗拉强度 σ_{bt} 和抗压强度 σ_{bc}。

(3)画出几种试样的宏观断口图和微观形貌图。

1.1.8　思考题

注意:思考题未必有标准答案。

(1)低碳钢和铸铁分别被称为韧性材料和脆性材料,根据本次实验,归纳两类材料在拉伸载荷作用下的变形过程和断裂的不同特点。

(2)实验中画出的载荷-横梁位移曲线是否能够和载荷-变形曲线一致?为什么?

(3)低碳钢拉伸、铸铁拉伸和压缩的断口有哪些差异?分析导致其破坏的物理机制(关键词:金属断裂机制、断口分析)。

1.1.9 报告模板

注意:关于实验报告的撰写,以下罗列的内容与条目供参考,鼓励在撰写过程中搜集研究文献,自行绘制图片、表格、曲线,充分表达自己的观点。

实验名称:

实验日期:

班级:

同组者:

报告人:

温度:

湿度:

(1)实验目的。

(2)仪器设备:设备器名称、型号、精度,量具名称、型号、精度。

(3)实验原理方法简述。

(4)实验过程摘要。

(5)实验数据和结果处理(参照表1-1-1和表1-1-2处理,可根据实际内容省略或删减)。

1)试样图及尺寸标注。

2)实验过程的曲线。

表 1-1-1　试样尺寸记录表

试样名称	实测标距 L_0/mm	实验前								实验后			
		d_0/mm							最小截面面积 $\dfrac{A_0}{mm^2}$	断后标距长度 $\dfrac{L_1}{mm}$	颈缩处直径 $\dfrac{d_1}{mm}$	颈缩处面积 $\dfrac{A_1}{mm^2}$
		截面1		截面2		截面3						
			平均		平均		平均					

表 1-1-2　实验数据和处理结果

受力形式	材料	强度				塑性	
		屈服载荷 F_s/kN	最大载荷 F_b/kN	屈服点 σ_s/MPa	抗拉(压)强度 σ_b/MPa	伸长率 δ/(%)	断面收缩率 ψ/(%)
拉伸							
压缩							

（6）画出几种试样断口草图和断口微观形貌图。

（7）自行评论实验中的现象和结果。

（8）回答思考题。

1.2　金属材料扭转破坏实验

预习问题：

（1）复习抗扭强度 τ_b、抗扭截面系数 W_p 等力学概念。

（2）在日常生活和工程结构中，哪些结构和载荷特征会形成扭转剪切应力？

1.2.1　工程背景及实例

在工程中常会遇到一些杆件类结构，它们在工作时主要受到力偶作用，或者在工作中主要起传递力偶的作用。如在汽车发动机、变速器及驱动系统中，轴类零件被大量使用，如图 1.2.1 所示。这些构件所受到的外力经简化后主要组成部分是作用在垂直于杆轴平面内的力偶，在其作用下，杆件各横截面将绕轴线作相对旋转，发生如图 1.2.2 所示的变形，这种变形称为扭转。

图 1.2.1　汽车传动轴主要承受扭矩

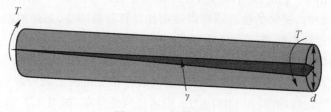

图 1.2.2　扭转变形

工程中把以扭转为主要变形的构件称为轴。材料在扭转变形下的力学性能指标，如剪切屈服点、抗扭强度、切变模量等，都是进行轴类零件扭转强度和刚度计算的依据。本节将介绍剪切屈服点 τ_s、抗扭强度 τ_b 的测定方法以及圆棒扭转破坏的规律和特征。

1.2.2　扭转试样

扭转实验所用试样与拉伸试样的标准大体相同，一般使用圆形截面试样，通常可选择 $d_0=$

10 mm,标距 $L_0=50$ mm 或 100 mm,试样上平行段长度 L_c 为 70 mm 或 120 mm。其他直径的试样,其平行长度为标距长度加上两倍直径。为方便夹持并避免在扭转过程中打滑,将扭转试样的夹持段两侧加工成平行平面,如图 1.2.3 所示。

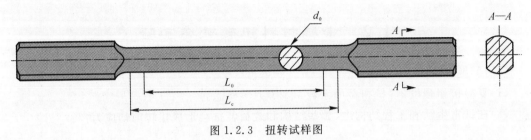

图 1.2.3　扭转试样图

1.2.3　实验设备与工具

(1)扭转试验机。设备结构和操作方法参见 5.2 节。

(2)游标卡尺。

1.2.4　实验目的

(1)观察低碳钢和铸铁在扭转过程中的变形规律和破坏特征。

(2)测定低碳钢扭转时的剪切屈服点 τ_s 和抗扭强度 τ_b,测定铸铁扭转时的抗扭强度 τ_b。

(3)了解扭转试验机的工作原理,掌握操作规程。

(4)熟悉 GB/T 10128—2007《金属材料　室温扭转试验方法》。

1.2.5　实验原理和方法

扭转实验是用于测量材料抗扭转剪切能力的典型实验之一。进行扭转实验时,把试样两夹持端分别安装于扭转试验机的固定夹头和活动夹头之间,启动实验程序,电机带动活动夹头转动,试样将承担扭矩,产生扭转变形。在扭转试验机上可以直接读出扭矩 T 和扭转角 ϕ,同时计算机也自动绘出 $T-\phi$ 曲线图,但是,要注意到此处的 ϕ 是试验机两夹头之间的相对扭转角。正如同拉伸实验时,横梁的位移不可以被用作计算材料应变,此处的两个夹头间的相对转角也不能用作计算试样扭转变形,而只能作为变形程度的参考。

因材料本身的差异,韧性金属材料扭转曲线有两种类型,如图 1.2.4 所示。它们的主要区别在于屈服阶段载荷是否会有显著波动。低碳钢试样在受扭的最初阶段,扭矩 T 与扭转角 ϕ 呈正比关系(见图 1.2.4),横截面上切应力 τ 沿半径线性分布,如图 1.2.5(a)所示。随着扭矩 T 的增大,试样表面的材料在切应力作用下首先发生屈服,此刻的切应力为材料的剪切屈服极限 τ_s。在载荷持续增加条件下,塑性区逐渐向圆心扩展,形成环形塑性区,但中心部分仍是弹性的,如图 1.2.5(b)所示。试样继续变形,屈服从试样表面向心部扩展,直到整个截面几乎都是塑性区,如图 1.2.5(c)所示。这个阶段在 $T-\phi$ 曲线上表现为屈服(见图 1.2.4),扭矩数值基本保持不变,对应的扭矩即为屈服扭矩 T_s。此后,材料进入强化阶段,变形增加,扭矩随之增加,直到试样破坏为止。因扭转无颈缩现象,所以扭转曲线在断裂前不出现类似低碳钢拉伸时后期的载荷下降现象,试样破坏时的扭矩即为最大扭矩 T_b。

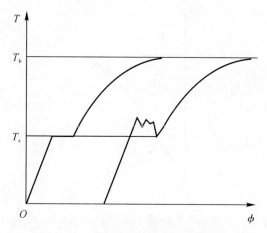

图 1.2.4　低碳钢扭转扭矩-转角曲线

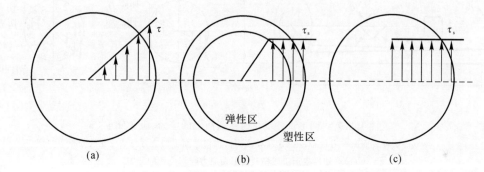

图 1.2.5　低碳钢圆轴试样扭转过程中应力分布的变化示意图

低碳钢扭转屈服点和抗扭强度可用下列两式计算：

$$\tau_s = \frac{T_s}{W_p} \tag{1.2-1}$$

$$\tau_b = \frac{T_b}{W_p} \tag{1.2-2}$$

式中，$W_p = \dfrac{\pi}{16}d^3$ 为抗扭截面模量。

由于铸铁为脆性材料，扭转时其扭矩与转角曲线不呈现明显线性，如图 1.2.6 所示。但由于变形很小就会突然断裂，一般仍按式(1.2-2)计算铸铁的抗扭强度。

圆形试样受扭时，横截面上的应力、应变分布随载荷的变化如图 1.2.7(b)(c)所示。在试样表面任一点，横截面上有最大切应力 τ，在与轴线成 $\pm45°$ 的截面上存在主应力 $\sigma_1 = \tau$，$\sigma_3 = -\tau$[见图 1.2.7(a)]。低碳钢这类韧性材料，其塑性变形是在切应力作用下进行的，其抗剪切能力弱于抗拉能力，故试样沿产生最大切应力的横截面被剪断。但是，由铸铁拉伸实验可见，其抗拉能力非常弱，是使铸铁这类脆性材料产生破坏的主要因素，因此铸铁试样沿 σ_1 作用方向被拉断。图 1.2.8 给出了两种材料的断口特征，由图可见，不同材料，即使在相同受力情况下，其变形曲线、破坏方式、破坏原因都有很大差异。

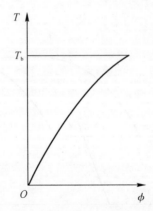

图 1.2.6　铸铁扭转扭矩-转角曲线

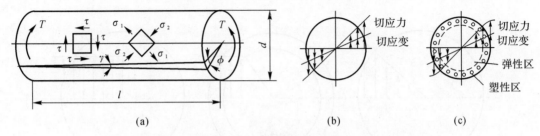

图 1.2.7　圆形试件受扭时横截面上的应力、应变分布

(a)试样表面的应力状态；　(b)弹性变形阶段横截面上切应力与切应变的分布

(c)弹塑性变形阶段横截面上切应力与切应变的分布

图 1.2.8　两种材料的试样断口

(a)低碳钢试样断口样貌；　(b)铸铁试样断口样貌

1.2.6　实验步骤

(1)测定试样直径。选择试样标距两端及中间 3 个截面,每个截面在相互垂直方向各测一次直径后取平均值,用三处截面中平均值最小的直径计算 W_p。

(2)试验机准备。根据试样的材料和尺寸选择实验方法,并编辑其方法文件以满足实验要求,调节试验机载荷零点。

(3)安装试样。先将试样的一端安装于试验机的固定夹头上,检查试验机的载荷零点,调整试验机活动夹头并夹紧试样的另一端,对转角信号清零。在试样表面沿轴线方向画一直线以定性观察变形现象。

(4)开机实验。为了方便观察和记录数据,对于铸铁试样和屈服前的低碳钢试样,用低速加载。屈服后的低碳钢试样可用高速加载。实验结束后要及时记录屈服扭矩 T_s 和最大扭矩 T_b。

(5)关机取试样。试样断裂后立即停机,取下试样,认真观察分析断口形貌和塑性变形能力,抄录下计算机所画的 $T - \phi$ 曲线。

(6)结束实验。试验机复原,关闭电源,清洁现场。

1.2.7　实验结果处理

以表格的形式处理实验结果(表格形式可自行设计)。根据记录的原始数据,计算出低碳钢的屈服点 τ_s、抗扭强度 τ_b、铸铁的抗扭强度 τ_b。画出两种材料的扭转破坏断口图和扭矩-转角曲线,并分析其产生的原因。

1.2.8　思考题

(1)低碳钢拉伸和扭转的断裂模式是否一样? 破坏机理是否一样?

(2)在铸铁压缩破坏实验和扭转破坏实验中,断口外缘与轴线夹角是否相同? 破坏机理是否相同?

(3)如果对一空的可乐罐施加扭矩,该罐体是否会被剪切破坏? 或者会发生何种破坏?

(4)总结低碳钢拉伸曲线与扭转曲线的相似点和不同点。报告格式和要求可参考拉伸实验。

1.3　剪切模量 G 的测定实验

预习问题:

(1)材料的杨氏模量和剪切模量有什么区别?

(2)剪切模量 G 和杨氏模量 E、泊松比 μ 之间有怎样的关系?

1.3.1　剪切模量 G

在材料力学中,G 表示剪切模量(modulus of rigidity),是一个材料常数,是剪切应力与应变的比值,又被称为切变模量。它是材料的力学性能指标之一,是材料在切应力作用下,在比例极限范围内,切应力与切应变的比值,表征材料在切应力作用下的抗变形能力。剪切模量 G 越大,表示抵抗剪切作用的能力越强。如同杨氏模量 E 一样,剪切模量 G 也是用来分析材料变形的基本参数之一。

1.3.2　实验设备与工具

(1)测 G 装置(见图 1.3.1)。该装置用于测试材料的剪切模量 G。在固定支座(B)和可转动支座(A)之间装有一钢制的台阶型圆棒试样,在测试段两端面装有测量扭转角的扭角仪,试样的可转动端与加载力臂(长度为 L)固连,并支撑在轴承上,在加载力臂的端部放砝码以施加载荷,每个砝码为 1 kg,砝码重力乘以力臂长度即为施加在圆棒试样上的扭矩。

(2)百分表。

(3)游标卡尺。

1.3.3　实验目的

测定钢材的剪切弹性模量 G。

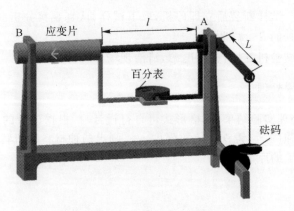

图 1.3.1　百分表测 G 装置

1.3.4　实验原理和方法

由材料力学知,在弹性范围内进行圆截面试样扭转实验时,扭矩 T 与扭转角 ϕ 之间的关系符合扭转变形的胡克定律,即

$$\phi = \frac{Tl}{GI_p} \qquad (1.3-1)$$

式中,T 为扭矩;I_p 为圆截面的极惯性矩,$I_p = \pi d^4/32$;l 为圆棒试样上标距长度。由式 (1.3-1) 可得

$$G = \frac{Tl}{\phi I_p}$$

图 1.3.1 所示装置,圆截面试样一端固定,另一端可绕其轴线自由转动。转角仪固定在距离为 l 的 A,B 两个截面上。当在砝码盘上施加重力为 F 的砝码时,圆轴横截面便产生 $T = FL$ 的扭矩。固定在 A 截面上的测量臂由初始位置 OA 转到 OA' 位置,固定在 B 截面上的测量臂由 OB 转到 OB' 位置。从图 1.3.2 可以看出,在小变形条件下,A、B 两截面间的相对扭转角,等于两个测量臂端头间的相对位移 Δ(此值可从百分表上读出)除以百分表表杆到试样轴线间的距离 R,即

$$\phi = \frac{\Delta}{R}$$

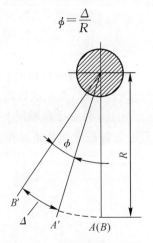

图 1.3.2　相对扭转示意图

实验时,采用等量逐级加载法,测出与每级载荷相对应的扭转角 ϕ_i。由式(1.3-1)计算出 G_i。再取算术平均值作为材料的切变模量 G:

$$G = \frac{1}{n}\sum_{i=1}^{n} G_i$$

式中,n 为加载级数。

1.3.5　实验步骤

(1)实验前用手指轻轻敲击砝码盘,观察百分表是否灵活摆动,检查装卡是否正确。

(2)记录加载前百分表初始读数或通过旋转表盘的盖子将百分表调零,注意百分表每一大圈为 1 mm,每一小格为 0.01 mm,正反转时可分别通过表盘上黑色或红色读数来读取相应数字。

(3)用砝码逐级加载,对应每级载荷 F_i,记录相应的百分表读数 r_i。由于测量装置可能存在微小滑动,每个砝码多次加卸记录其引起的位移不一样。加载到最大值(5 kg)后卸载。重复上述步骤实验三次,选择线性最好的一组数据进行分析。

1.3.6　注意事项

(1)砝码要轻拿轻放,不要冲击加载。不要在加载力臂或砝码盘上用手按压,以免损坏仪器。

(2)不要拆卸或转动百分表,不要随意抽拉表杆,保证表杆与测量臂稳定、良好的接触。如发现百分表指针转动不正常,需请指导教师检查。

1.3.7　实验结果处理

从 3 组实验数据中,挑选线性好的一组,建议按表 1-3-1 处理数据。

表 1-3-1　实验数据和处理结果

载荷 F_i/kgf[①]	扭矩 $T_i/(\mathrm{kgf \cdot cm})$	百分表读数 r_i/mm	扭矩增量 $\Delta T_i/(\mathrm{kgf \cdot cm})$	百分表读数增量 $\Delta r_i/\mathrm{mm}$	扭转角 $\Delta\varphi_i = \Delta r_i/R$	$G = \dfrac{\Delta T_i \times l}{\Delta\varphi_i \times I_p}$
0						
1						
2						
3						
4						
5						

$$G = \frac{1}{n}\sum_{i=1}^{n} G_i$$

注:①1 kgf=9.8 N。

1.3.8 思考题

(1)本实验装置上试样与加载臂连接的一端为何要支撑在轴承上?

(2)实验过程中,有时会出现加了砝码而百分表指针不动的现象,这是为什么?应采取什么措施?

(3)本实验的测量方法能否在更大变形情况下使用?为什么?

1.4 组合梁弯曲正应力实验

预习问题:

(1)均质梁的弯曲正应力在横截面上的分布是怎样的?

(2)梁的弯曲正应力公式是按照什么条件推导得到的?

梁是承受横向载荷并产生弯曲变形的一类构件,广泛应用于人们的生产和生活中。几乎所有的建筑物、构筑物和设计产品中都存在梁式构件。我国典型的木结构古建筑(见图 1.4.1),使用了三架梁、五架梁、随梁和抱头梁等大量的梁枋式构件。达芬奇手稿中的巨型弩机(见图 1.4.2),其两侧的弓臂就是典型的悬臂梁结构。2018 年 10 月 24 日正式通车的港珠澳大桥(见图 1.4.3),其桥面也为梁式构件。要设计出既满足功能要求又安全可靠的梁式构件,必须掌握梁在载荷作用下的应力分布及大小。

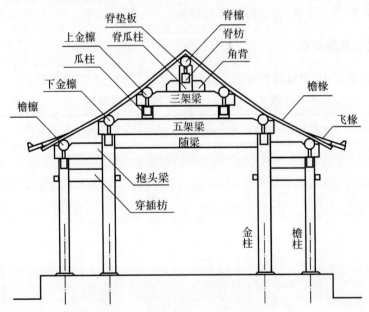

图 1.4.1 中国典型的木结构古建筑中的梁

本节通过应变电测法对组合梁的弯曲正应力分布特征进行测试、分析,测出梁横截面不同高度处各点的应变值,并且应用胡克定律求出各点的弯曲应力,再通过与理论计算模型的对比,验证模型的适用性。

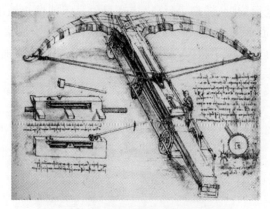

图 1.4.2 达芬奇手稿中的巨型弩机

图 1.4.3 港珠澳大桥

1.4.1 实验对象——组合梁

组合梁为两端简支的矩形截面组合梁,共有 3 种组合形式,分别为:①钢-钢组合梁;②铝-钢组合梁;③钢-钢楔块梁。其中,钢-钢组合梁和铝-钢组合梁为上、下放置的两个矩形截面梁,两梁之间界面无约束;钢-钢楔块梁在两个矩形截面梁中间镶嵌楔块,使上、下梁的变形协调一致。

组合梁的材料为低碳钢或铝合金材料。其中,低碳钢杨氏模量 $E_{st}=210$ GPa;铝合金杨氏模量 $E_{al}=70$ GPa。

1.4.2 实验设备与工具

1. 弯曲正应力实验装置

组合梁弯曲正应力实验装置主要由支持系统、加载系统和测试系统组成(见图 1.4.4)。支持系统包含基座和左右支柱,构成整个实验装置主体,并作为试样的支持夹具。加载系统包含加载杆件、分力杠杆和数字测力仪,用于施加和测量载荷。测试系统包含电阻应变片、导线和电阻应变仪等,用于测量截面不同测点处的应变。

2. 数字式静态电阻应变仪

电阻应变仪是根据应变检测要求设计的一种专用仪器。它的作用是将电阻应变片组成电桥,并对电桥输出电压进行放大、转换,最终以应变量值显示或输出数字信号。通常,静态电阻应变仪具有多个测量通道,可将测量得到的静态应变用数字显示出来。采用计算机或手机控制的应变测试系统,可由电脑或手机实现管理、操作、控制,并进行实时数据采集、传送、存储和事后处理等(相关内容参见5.4节)。

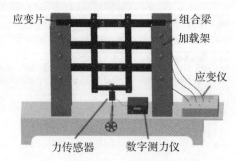

图 1.4.4　组合梁弯曲正应力实验装置示意图

3.电阻应变片

电阻应变片是利用电阻应变效应制作成的应变敏感元件,它可将构件表面的应变量直接转换为电阻的相对变化量。电阻应变片一般都由敏感栅、引线、基底、盖层和黏结剂组成。应变片可按敏感栅材料、敏感栅结构形状、工作温度和使用特点进行分类。更多的关于应变片的内容参见5.4节。

1.4.3　实验目的

(1)测定3种组合梁在纯弯曲作用下横截面上各点的轴向应变分布,并计算弯曲正应力。
(2)掌握应变电测法的基本原理及其在工程中的应用。
(3)比较实验结果和理论模型计算结果之间的偏差,分析偏差的来源。

1.4.4　实验原理和方法

本实验的测试原理如图1.4.5所示,在大小相等的两个集中载荷作用下,组合梁的中段为纯弯曲状态。在组合梁的跨中截面,沿高度方向粘贴8枚应变片,应变片的测量方向为梁的纵向,如图1.4.6所示。在纯弯曲状态下,横截面上的任一点仅承受沿梁纵向的弯曲正应力,故每个点均处于单向应力状态。

根据应变仪的工作原理,按1/4桥和公共温度补偿片的接线方法,将8枚应变片分别接到应变仪的各电桥通道,在逐级等量加载条件下,由应变仪测量并输出各点的应变值 ε_i。在单向应力状态下,可根据每个测点的应变值 $\varepsilon_i (i=1,2,\cdots,8)$,再利用胡克定律求出各测点的弯曲正应力值,即

$$\sigma_i = E\varepsilon_i$$

另外,组合梁的弯曲正应力可根据变形几何关系、物理关系和静力平衡关系推导得出。其基本假定为,两个简单叠合(无楔块约束)的组合梁拥有各自的中性层,且两者在变形过程中始终保持接触状态,即假设纯弯曲段两者横截面的曲率相同。在此条件下,可得上、下两梁内力如下:

上梁:

$$M_u = \frac{E_u}{E_u + E_b} M$$

下梁：

$$M_b = \frac{E_b}{E_u + E_b} M$$

再根据梁纯弯曲时横截面上弯曲正应力的计算公式，计算得到各应变测点处的弯曲正应力。于是，可将应变测点的计算应力值与实测值进行比较，分析两者之间的偏差，并分析产生偏差的原因。

如果上、下梁采用楔块约束，结构内部的应力分布将非常复杂，通常可将其简化为一根整体钢梁进行分析、计算，但实际情况与此简化存在不少偏差，应分析其分布规律及影响因素。

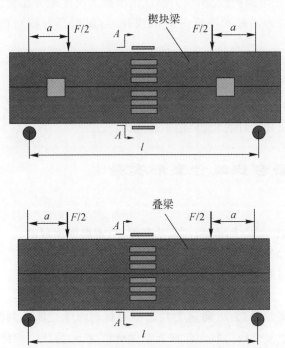

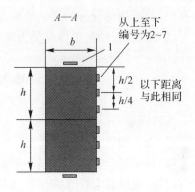

$a=200\ \text{mm}$　　$l=650\ \text{mm}$
$b=15\ \text{mm}$　　$h=25\ \text{mm}$
$E_{st}=210\ \text{GPa}$　$E_{al}=70\ \text{GPa}$

图 1.4.5　简支梁、杠杆加载示意图　　　　图 1.4.6　应变片粘贴示意图（表明其位置）

1.4.5　实验步骤

(1)检查装置：检查实验装置的各个组成部分是否完整。

(2)调整状态：调整上、下梁的位置关系、支持状态，检查和调整加载杆件的状态。

(3)应变接线：采用工作片加公共温度补偿片的半桥方法，将 8 枚应变片接入电阻应变仪的测试通道，并检查接入线路是否正确连接。

(4)加载及测量：加预载荷 F_0，记下初始应变值 ε_{i0}，采用逐级等量加载制度，分级加载并逐级记录各点应变值。预载荷 $F_0 = 500\ \text{N}$，载荷增量 $\Delta F = 500\ \text{N}$，最大载荷 $F_1 = 2\ 000\ \text{N}$。

(5)计算校核：计算各应变测点的应变是否等量增加；如不满足，重复测量 1~2 次。

(6)顺序测量：按以上同样方法，对其余两组梁进行测试。

(7)应力计算：按照胡克定律计算弯曲正应力。

(8)理论计算:对组合梁的弯曲正应力进行理论计算,并与实验结果进行对比,说明两者之间的偏差来源。

实验过程中的注意事项如下:

(1)不得拉扯应变片引线、触摸应变片,测点位置通过引线的颜色辨认。

(2)本实验装置允许的最大载荷为 $F = 2\,000$ N,请勿超载。

1.4.6 实验结果处理

(1)按照等量逐级加载原理,设计数据记录表格,并检验应变数据的均匀性和可靠性。

(2)表格列出弯曲正应力理论计算结果与实验测试数据之间的偏差,并说明偏差的来源。

(3)使用 Excel 等数据处理软件,画出三组梁的应变、应力测试值沿截面高度的分布情况,并使用最小二乘法拟合弯曲正应变和正应力沿截面高度分布的规律,给出拟合方程和相关系数。

1.4.7 思考题

(1)依据理论分析和测试结果,建立钢-钢叠梁、铝-钢叠梁应力分布的理论计算公式。

(2)比较四种梁(整体钢梁为第四种,可理论计算得出)的承载能力。

1.5　薄壁圆管弯扭组合变形实验

预习问题:

(1)查找如下名词的定义:应力状态、主应力、主应变、广义胡克定律、经典强度理论。

(2)何谓组合变形? 工程中常见的组合变形有哪几类?

(3)薄壁圆管有什么特性? 其与厚壁空心圆管、实心圆轴的最重要的区别是什么?

前面内容中材料的拉压、扭转及弯曲实验,均为单向应力状态下对材料力学性能的判断,而在构件服役的过程中,很多情况下是处于复杂应力状态。在复杂受载情况下,需测定构件危险点的主应力和主方向,进而进行强度分析。此外,单独测出处于组合变形情况下构件截面上的某一个内力,对于分析或调整构件的受力也是必要的。本实验以工程实际中广泛使用同时承受弯曲和扭转载荷的圆管为对象,进行应力分布和主应力的测量分析。

1.5.1 试样

薄壁圆筒结构采用铝合金制成,尺寸标注如图 1.5.1 所示。

1.5.2 实验设备和工具

(1)薄壁圆管弯扭组合变形实验装置。

(2)数字式静态电阻应变仪。

(3)载荷数字显示仪。

薄壁圆管弯扭组合变形实验装置如图 1.5.1 所示。圆管试样的一端固定在支座上,另一端通过手轮旋转牵动钢丝绳拉动加力杠杆施加载荷。钢丝绳上连接的力传感器与载荷数字显示仪连接,可测出施加载荷的大小。在试样的同一横截面的 4 个象限点处分别贴有 1 枚三向应变花,贴片位置如图 1.5.2 所示。各应变片的实测应变值由数字电阻应变仪读出。

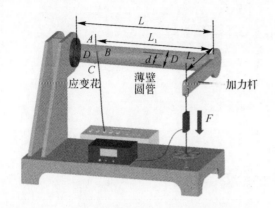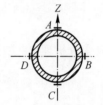

图 1.5.1　薄壁圆管弯扭组合变形实验装置示意图　　　　图 1.5.2　测点贴片示意图

1.5.3　实验目的

(1)测定圆管外表面指定点的主应力大小和方向。
(2)懂得如何用应变测试方法分离出指定截面上的某一个内力。
(3)了解自动应变测试技术在应力、应变测试中的应用。

1.5.4　实验原理和方法

圆管横截面上的内力如图 1.5.3(a)所示,存在扭矩 T_x、弯矩 M_z 以及剪力 F_q 等。

管壁上任一点均为复杂应力状态,且主方向未知。为了测出主应力和主方向,在各测点贴上三向应变花($0° - 45°/45°$),其中 $0°$ 方向为圆管轴线方向,图 1.5.3(b)可视为测点 A 的应变花。

由材料力学可知,任意方向上的线应变 ε_α 与 ε_x,ε_y 和 γ_{xy} 的关系为

$$\varepsilon_\alpha = \frac{\varepsilon_x + \varepsilon_y}{2} + \frac{\varepsilon_x + \varepsilon_y}{2}\cos 2\alpha - \frac{\gamma_{xy}}{2}\sin 2\alpha \qquad (1.5-1)$$

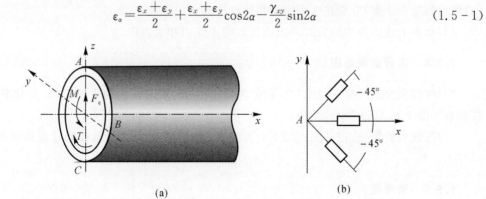

(a)　　　　　　　　　　　　(b)

图 1.5.3　圆筒截面上内力(a)及三向应变片(b)

把应变花的 3 个已知值 $\varepsilon_{45°}$,$\varepsilon_{0°}$,$\varepsilon_{-45°}$ 代入式(1.5-1),可得

$$\begin{cases} \varepsilon_{45°} = \dfrac{\varepsilon_x + \varepsilon_y}{2} - \dfrac{\gamma_{xy}}{2} \\[2mm] \varepsilon_{0°} = \varepsilon_x \\[2mm] \varepsilon_{-45°} = \dfrac{\varepsilon_x + \varepsilon_y}{2} + \dfrac{\gamma_{xy}}{2} \end{cases}$$

由上式解得

$$\begin{cases} \varepsilon_x = \varepsilon_{0°} \\[2mm] \varepsilon_y = \varepsilon_{45°} + \varepsilon_{-45°} - \varepsilon_{0°} \\[2mm] \gamma_{xy} = \varepsilon_{-45°} - \varepsilon_{45°} \end{cases}$$

根据应变分析理论,主应变大小为

$$\varepsilon_{1,2} = \dfrac{\varepsilon_{-45°} + \varepsilon_{45°}}{2} \pm \dfrac{\sqrt{2}}{2}\sqrt{(\varepsilon_{-45°} - \varepsilon_{45°})^2 + (\varepsilon_{0°} - \varepsilon_{45°})^2}$$

主应变(或主应力)方向为

$$\alpha_0 = \dfrac{1}{2}\arctan\dfrac{\varepsilon_{45°} - \varepsilon_{-45°}}{2\varepsilon_{0°} - \varepsilon_{-45°} - \varepsilon_{45°}} \tag{1.5-2}$$

由广义胡克定律,可求得主应力大小为

$$\begin{cases} \sigma_1 = \dfrac{E}{1-\mu^2}(\varepsilon_1 + \mu\varepsilon_2) \\[3mm] \sigma_2 = \dfrac{E}{1-\mu^2}(\varepsilon_2 + \mu\varepsilon_1) \end{cases}$$

由式(1.5-2)可解出相差 $\pi/2$ 的两个 α_0,确定两个相互垂直的主方向,它们分别与两个主应力 σ_1 和 σ_2 对应。具体对应关系可查阅相关材料力学书籍。

1.5.5 实验步骤

(1)根据引线的编组和颜色,仔细识别引线与应变片的对应关系。

(2)以公共补偿片的半桥方式,连接各点的应变片至多通道应变仪。

(3)打开应变仪和载荷显示仪。通过加载手轮逐级施加一定的载荷,逐点检测各个测点(也可只测某 2 个点)应变花 3 个应变片的应变值 $\varepsilon_{45°}$、$\varepsilon_{0°}$、$\varepsilon_{-45°}$。

(4)根据上述内容中的公式求出该测点的主应力和主方向。

1.5.6 实验结果处理

(1)按理论公式计算 A、B、C、D 点的各应力分量,找出各点的主单元体,并将其表示在圆管的展开图 1.5.4(a)中。

(2)根据实验数据,把各测点的主应力和主方向用主单元体表示在圆管截面展开图 1.5.4(b)中。

1.5.7 思考题

(1)比较各测点主应力的理论解与实测值的差异,简要分析产生差异的原因。

(2)如何进行截面内力的分离测量?

提示:在工程实践中,应变片电测方法不仅广泛用于结构的应变、应力测量,而且也被当作应变的敏感元件用于各种测力传感器中。有时测量某一种内力而舍去另一种内力就需要采用内力分离的方法。请设计适当的电桥桥路,一次性测出扭矩 T_x、弯矩 M_z 以及剪力 F_q 等内力。

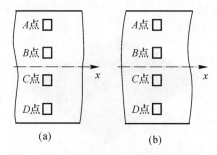

图 1.5.4　主应力的理论解与实验值对比

（a）理论解；　（b）实验值

1.6　压杆稳定实验

预习问题

（1）欧拉是最早从理论上研究压杆稳定问题的数学家。请查询资料,了解他对稳定性问题的贡献。

（2）在铸铁压缩破坏实验中,为什么使用了高径比大约为 2 的试样?

（3）细长压杆失稳与材料受压屈服有何关系?

压杆是工程上最常见的结构之一。两端受压细长杆件也称大柔度压杆,它存在直线形状平衡的稳定性问题。对压杆稳定性的研究,主要是确定压杆临界载荷的数值。当压杆载荷增加到某一临界值 F_{cr} 时,在外来扰动的作用下,压杆不能保持原有直线平衡状态,发生失稳,此临界值即为压杆的临界载荷 F_{cr}。压杆的稳定性问题是欧拉最先在理论推导中发现的,但并未引起人们的重视。直到后来发生了压杆稳定的工程事故（见图 1.6.1）,人们才开始接受欧拉的理论。

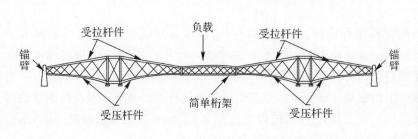

图 1.6.1　加拿大魁北克大桥杆件失稳造成的垮塌事故

注:1907 年在加拿大圣劳伦斯河魁北克大桥(计划全长 548 m)的施工过程中,由于悬臂桁架中的一根受压下弦杆失稳,造成桥梁倒塌,9 000 t 钢材全部坠入河中,桥上施工的人员中 75 人遇难。

稳定性问题是工程结构中普遍存在的,不仅杆件结构存在压缩失稳问题,而且薄壁构件在压缩或(和)剪切受力状态下也会出现失稳问题。飞机的机身和机翼大量采用金属材料或复合材料的加筋壁板结构形式,这种结构形式存在非常严重的压缩或剪切稳定性问题(见图1.6.2),也叫作屈曲(buckling)。

图 1.6.2　加筋壁板面内压缩发生屈曲后的变形特征

工程实际中,压杆或加筋壁板的失稳是突然发生的,容易导致灾难性的后果,因此稳定性问题是材料力学研究的重要内容之一。本节对压杆的稳定性问题进行观测和实验,观察压杆的失稳现象,测定压杆的失稳临界载荷,并通过与欧拉失稳临界载荷的对比,对细长杆件的失稳现象和临界失稳载荷形成深刻认识。

1.6.1　实验装置

1.多功能的弹性压杆试样

多功能弹性压杆试样由弹簧钢制成,试样截面尺寸为 20 mm×2 mm,杨氏模量 $E=210$ GPa,具有强度高、弹性好、初始曲率小($\leqslant 1/10\ 000$)的特点,如图 1.6.3 所示。在弹性压杆试样的上、下两端,具有与压杆黏结在一起的上、下托梁,可通过调整托梁与支持端的接触状态形成固支或简支约束条件。

2.支承方式

实验台可在压杆两端实现固支或简支约束。当压杆的端面与支持端为面接触时,近似为固支约束;当压杆的端面与支持端为线接触或点接触时,则近似为简支约束。实验压杆支承方式如图 1.6.4 所示。通过调整上、下两端的约束条件,可实现两端简支、一端固定一端自由、一端固定一端简支和两端固定等 4 种约束条件,因此可进行 4 种条件下的压杆稳定性实验。在各种约束条件下压杆的计算长度,可参考图 1.6.3 中的有关尺寸(L_i)。

3.压杆试验台

压杆试验台由多功能弹性压杆试样、加力支架、载荷和位移测试系统构成,外形尺寸约 200 mm×200 mm×610 mm,其结构简图如图 1.6.5 所示。加力支架由底板、顶板和四根立柱构成。加载系统采用螺旋加力方式,通过拧进加力旋钮,使丝杠顶推压头向下运动,即可对试样加载。串联在加载链上的载荷传感器可以测试出施加在压杆上的载荷。载荷传感器的最大量程为 3 kN,示值误差不大于±2%。压头的最大行程为 16 mm,螺旋加力每转一圈,压头下降 1 mm。将此圈划分为 50 个小格,则每格刻度为 0.02 mm。

1.6.2　实验目的

(1)观察细长杆件受压条件下的失稳现象,增加对压杆稳定性问题的感性认识。

（2）测定 4 种不同支承条件下细长压杆的临界载荷。

（3）通过与欧拉临界载荷理论值的对比,比较理论计算与实验值之间的差异。

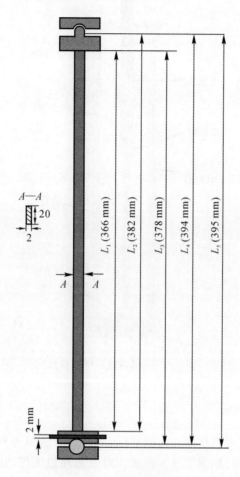

图 1.6.3　多功能压杆

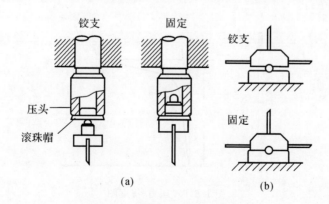

图 1.6.4　可供选择的支承方式

(a)上端支承;　(b)下端支承

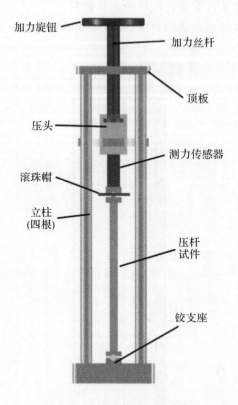

图 1.6.5　多功能压杆试验台

1.6.3　实验原理和方法

对于理想压杆,以压杆中点挠度 δ 为横坐标,以荷载 F 为纵坐标,按欧拉小挠度理论绘出的 $F\text{-}\delta$ 曲线即为折线 OAB,如图 1.6.6 所示。对于非理想压杆,其 $F\text{-}\delta$ 曲线即为折线 $OA'B'$。由图 1.6.6 可以看出,实际压杆的临界载荷(曲线 $A'B'$)以理想压杆的临界载荷(直线 AB)为渐近线,因此,根据实验测出的 $F\text{-}\delta$ 曲线图,由 $A'B'$ 的渐近线即可确定真实压杆的临界载荷 F_{cr}。

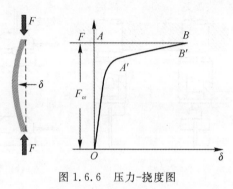

图 1.6.6　压力-挠度图

欧拉应用小挠度线性屈曲理论,研究了两端支承的理想压杆的临界载荷 F_{cr},即

$$F_{cr} = \frac{\pi^2 EI}{(\mu l)^2}$$

式中,E 是材料的弹性模量;I 是试样截面的最小惯性矩;l 是压杆长度;μ 是与压杆端点支座情况有关的系数。两端铰支杆 $\mu=1$,一端铰支一端固支 $\mu=0.7$,两端固支 $\mu=0.5$,具体情况可参见表 1-6-1。

表 1-6-1　不同端部约束条件下的长度系数 μ

约束情况	两端简支	一端固定一端自由	一端固定一端简支	两端固定
挠曲线形状				

1.6.4　实验步骤

(1)尺寸测量:测量试样长度 l,测量试样上、中、下三处横截面的尺寸。

(2)压杆安装:按照预设约束条件,调整上、下两端的支座形式,并检查其是否符合设定状态。注意装置上下支座情况,调整试样左、右对称,勿使试样产生初始弯曲。

(3)打开仪器:打开电源开关,检查力传感器是否正确接入测力仪,力值显示是否正常并处于零点。注意,测力仪的力值单位为 N。

(4)加载与记录:按照实验原理,应当测量压杆中部挠度。但为简便实验过程,也可用端部点加载位移来反应挠度变化规律,加载按位移进行,分成两个阶段。第一阶段,按照每级 0.02 mm 给压杆施加位移,直至载荷不再明显上升为止;第二阶段,当载荷不再明显上升时,按照每级 0.10 mm 进行加载,继续读取 4~5 次加载位移和载荷值。如果发现载荷值读数下降的情况,说明已达到压杆的临界载荷,此时应停止实验,并卸去载荷。在此过程中,逐级记录载荷和位移值。

(5)其他约束条件下的实验:调整压杆两端的约束条件,按照步骤(4)重复进行实验。观察临界载荷及挠度曲线形状随约束条件的变化情况。

(6)注意事项:加载应均匀、缓慢进行;试样的弯曲变形不要过大。

1.6.5　实验结果处理

(1)根据实验测试数据,绘制四种不同支撑条件下的 F-δ 曲线(注意,由于实验装置的原因,此处的 δ 是加载端位移,并非 1.6.3 节中的挠度),并绘制它的水平渐近线,确定临界载荷 F_{cr} 的实验值。

(2)设计相应的实验数据处理表格,根据尺寸测量数据计算宽度和厚度的平均值,计算截面的最小惯性矩,使用欧拉公式计算临界载荷 F_{cr} 的理论值,并以理论值为基准计算实验值的相对误差。

1.6.6 思考题

(1)两端铰支细长压杆临界压力的理论值与实测值存在多大差异？分析存在差异的原因。

(2)压杆临界载荷与哪些因素有关？采取什么措施可以提高压杆的临界载荷？

(3)在边界条件相同时,材料和截面积均相同的正方形、圆形和环形截面压杆,哪种压杆的临界载荷更大？

第 2 章　综合型实验

2.1　材料条件屈服强度实验

预习问题：
(1)电阻应变式引伸计的测量原理。
(2)引伸计的标定方法。

在低碳钢的拉伸破坏试验中，可观察到明显的屈服现象。由屈服现象确定的屈服应力是结构设计和制造上的重要指标，设计时屈服强度被当作是一个承载应力的上限，用来判断结构能否失效；在塑性成形制造时，超越材料屈服强度也是表征进入塑性阶段重要的标志。但事实上，多数的金属或非金属材料，在由弹性阶段转入塑性阶段时，在试验中并不能观察到以应力波动为特征的屈服现象，其拉伸曲线是光滑连续的。在此情况下，如何确定材料的屈服强度？

对应地，GB/T 228.1—2010 中定义了规定非比例伸长应力 σ_{pe} 和规定残留伸长应力 σ_{re}。规定非比例伸长应力 σ_{pe} 是指试样标距部分的非比例伸长达到原始标距某个百分比的应力。规定残留伸长应力 σ_{re} 是指试样标距部分的残留伸长达到原始标距的某个规定值时的应力。常用的有 $\sigma_{p0.2}$，$\sigma_{r0.2}$ 等。前者表示试样标距部分的非比例伸长达到原始标距 0.2% 时的应力，后者表示标距部分产生原始标距 0.2% 的残留伸长时的应力。事实上，0.2% 是一个应变值，即应变值 0.002。当然，也可以规定为 $\sigma_{p0.1}$（或其他数字），意味着对应非比例伸长应变为 0.001 时的应力值，只是 $\sigma_{p0.2}$ 在工程上使用更为广泛，被视为无明显屈服现象的材料的屈服强度的等价指标。

$\sigma_{p0.2}$ 和 $\sigma_{r0.2}$ 本身的定义不同，但由测试可见，通常材料的 $\sigma_{p0.2}$ 和 $\sigma_{r0.2}$ 差异很小，只要测试其中的一个即可。当要求测 $\sigma_{0.2}$ 而无明确说明时，两种方法均可使用。只是实验时，前者无需卸载，而后者必须经过卸载才能得到，所以多采用前者。

2.1.1　试验试样

试样为铝合金 2A12 圆棒型拉伸试样。2A12 铝合金是一种高强度硬铝，可进行热处理强化，多用于飞机结构材料。试样具体形状如图 2.1.1 所示。

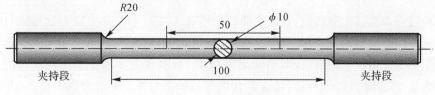

图 2.1.1　铝合金拉伸试样

2.1.2　实验设备与工具

(1)电子万能试验机(参阅 5.1 节)。

(2)应变式引伸计(见图 2.1.2,参阅 5.5 节)。

(3)引伸计标定器(见图 2.1.3,参阅 5.5 节)。

(4)游标卡尺。

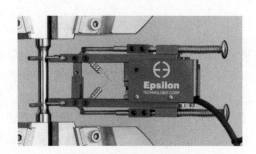

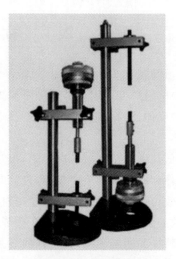

图 2.1.2　应变式引伸计　　　　　　图 2.1.3　引伸计标定器

2.1.3　实验目的

(1)测定给定材料的杨氏模量 E 和条件屈服强度 $\sigma_{0.2}$($\sigma_{p0.2}$ 或 $\sigma_{r0.2}$)。

(2)了解采用当前常用的试验机自动测量 $\sigma_{0.2}$ 的方法。

(3)了解电阻应变式引伸计的原理,并学会标定引伸计(原理和方法参阅 5.5 节)。

2.1.4　实验原理和方法

1. 实验方法

在工程测试中,通常都用对材料进行拉伸实验、绘制应力-应变曲线的方法来测定 $\sigma_{p0.2}$ 值,同时还能测试出杨氏模量 E 值。目前的新型材料试验机通常配置有相应的硬件和软件,可以自动地绘制出相应曲线,并计算出这些数据。就其原理来说,试验机实时记录力和变形数据,将这些离散的数据进行后处理,即可生成即 $F-\Delta l$ 曲线,再根据 $\sigma_{p0.2}$ 的定义在曲线上直接测定。

在实验过程中直接绘制的应力-应变曲线如图 2.1.4 所示。其中应力数据来自于拉伸过程中的载荷传感器测得的拉力与试样的横截面积的比值,应变数据来自安装在试样上的引伸计。如图 2.1.5 所示,自线性段与横轴交点 O 起,截取相应于规定非比例伸长的 OC 段(C 为应变值为 0.002,即 0.2% 的点),过点 C 作线性段的平行线 CA 交曲线于点 A,点 A 所对应的力 $F_{p0.2}$ 为所规定的非比例伸长力,规定非比例伸长应力按下式计算:

$$\sigma_{p0.2} = \frac{F_{p0.2}}{A_0} \qquad (2.1-1)$$

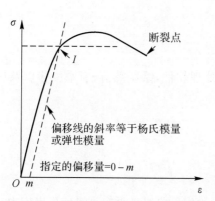

图 2.1.4　拉伸过程中的应力-应变曲线

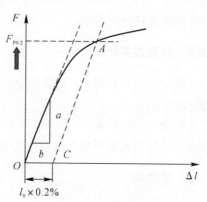

图 2.1.5　曲线局部

2. $\sigma_{r0.2}$ 的测定

$\sigma_{r0.2}$ 是在卸载条件下测定的,由于实验过程比较麻烦,较少采用。

3. 杨氏模量 E 的测定

对图 2.1.5 中拉伸应力-应变弹性直线段斜率 a/b 进行计算,其计算结果即为杨氏模量 E,计算公式如下:

$$E = \frac{\sigma}{\varepsilon} = \frac{\dfrac{\Delta F}{A}}{\dfrac{\Delta l}{l}} \qquad (2.1-2)$$

2.1.5　实验步骤

(1)测量试样尺寸,在试样的平行段测量 3 个截面的直径,并取其平均值计算横截面积 A_0。

(2)根据估计的材料最大应力,选择具有合适载荷量程的试验机,试验所需的最大载荷通常不小于试验机量程的 1/2,不大于量程的 2/3。

(3)在试验机的控制软件中调用对应试验方法,输入加载速度、试样参数、加载参数、数据存储、载荷限制、安全保护参数、需计算的数据等内容(试验机使用方法见 5.1 节)。通常加载速度设置为 1~3 mm/min。

(4)根据试样平行段长度,选择具有合适量程的引伸计。

(5)对引伸计进行标定,以确定其准确性。标定方法可参阅 5.5 节。

(6)调整试验机夹头,安装试样,把试样上端安装在试验机的上夹头内,调整试验机载荷零点,再调节试验机,使试样下端与下夹头可靠连接。

(7)在试样上平行段安装引伸计,并按照引伸计量程和测试需要预设摘下引伸计选项。

(8)启动加载,在预设取下引伸计时刻,机器将提示并暂停,摘下引伸计。

(9)将试样加载直到破坏,试样破坏后按下停止按钮,可分别打开上下夹头,取出试样。

(10)观察断口形貌,并使用放大镜或显微镜观测断口的微观特征。

(11)将实验过程获取的载荷-横梁位移以及应力、应变数据输出,也可选择打印实验报表。

(12)可以直接从实验报表中获取条件屈服强度和杨氏模量数据,也可自行使用输出的应力、应变数据计算这两个参数。

2.1.6　实验结果处理

(1)根据输出的原始数据,使用 Excel 等数据处理软件,绘制载荷-横梁位移以及应力-应变数据曲线。

(2)计算条件屈服强度 $\sigma_{0.2}$ 和杨氏模量 E。

(3)画出试样的宏观断口图和微观形貌图。

2.1.7　思考题

(1)根据本次实验,分析由试验得到的载荷-横梁位移曲线是否能直接计算出应力-应变曲线。为什么?

(2)铝合金拉伸破坏断口和低碳钢拉伸破坏断口有无差异?分析导致其破坏的物理机制(关键词:金属断裂机制,断口分析)。

(3)引伸计安装偏斜是否影响测量结果,请讨论说明。

2.2　屈服后金属材料力学行为的测试

本实验中的测试可与 2.1 节实验在同一次测试中完成。

预习问题:

(1)金属塑性变形的机理(参考资料:金属材料学,或工程材料教材)。

(2)描述金属塑性变形的力学模型(参考资料:塑性力学教材)。

对大多数金属材料来说,当材料承受的应力在弹性极限内,其变形是弹性的。如果应力超过弹性极限,进入屈服和硬化状态,材料就会发生塑性变形,即在卸载到零点后,变形仍不会消失。多数材料都具有塑性,利用塑性特性可以开展冲压、锻造、拉拔等成形工艺,比如最常见就是汽车车身结构,多数都是对金属薄板塑性模压成形的。另外,材料塑性对材料长期使用时的抗疲劳能力、超出弹性极限后的结构承载特性都具有直接影响。因此,对超过弹性极限,进入屈服和硬化阶段的材料力学行为进行测试是非常重要的,这也是开展塑性力学、疲劳断裂等领域研究必须进行的实验工作。

塑性材料在试验中进入屈服阶段以后,开始产生显著的塑性变形,其变形远比弹性变形大。同时试样横截面也显著缩小。特别是在局部变形阶段,试样颈缩部分的应变比其余各处大,截面面积变化也与其余各处明显不同。因此,在试样变形较为明显以后,无论是用通常的工程应力表示横截面上的正应力,还是用工程应变表示变形,都会与真实情况产生较大差异。在研究材料在塑性阶段的力学行为时,需要得到整个变形过程中的真实应力-应变关系,绘出材料的真应力-真应变(true stress-strain)曲线,这条曲线在材料的力学仿真计算过程中尤其重要。

2.2.1　实验试样

铝合金 2A12 圆棒型拉伸试样，具体形状和尺寸如图 2.2.1 所示。

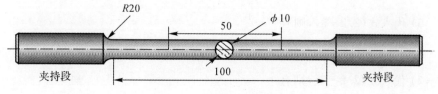

图 2.2.1　铝合金拉伸试样

2.2.2　实验设备与工具

(1)电子万能试验机。
(2)应变式引伸计。
(3)引伸计标定器。
(4)游标卡尺。

2.2.3　实验目的

(1)了解真应力和真应变的定义及其与工程应力和工程应变间的关系。
(2)了解金属材料在屈服后的力学行为特征。
(3)测定铝合金在拉伸时的真应力-应变曲线。
(4)学习力学模型参数的标定方法。

2.2.4　实验原理和方法

1.真应力、真应变的定义和真应力-应变曲线

工程应力 σ，定义为试样的拉力 F 除以试样的初始横截面积 A_0，即

$$\sigma = \frac{F}{A_0} \tag{2.2-1}$$

工程应变 ε，定义为标距范围内的伸长量 Δl 除以试样标距的初始值 l_0，即

$$\varepsilon = \frac{\Delta l}{l_0} \tag{2.2-2}$$

真应力 σ_t，则定义为拉力 F 除以瞬时横截面积 A，即

$$\sigma_t = \frac{F}{A} = \frac{4F}{\pi d^2} \tag{2.2-3}$$

真应变 ε_t 增量 $\mathrm{d}\varepsilon_t$，定义为试样伸长瞬时的增量 $\mathrm{d}l$ 除以当前长度为 l，即

$$\mathrm{d}\varepsilon_t = \frac{\mathrm{d}l}{l} \tag{2.2-4}$$

试样从 l_0 伸长到 l 的真应变可看成是无穷多个真应变增量的累积值，因此写作积分形式为

$$\varepsilon_t = \int \mathrm{d}\varepsilon_t = \int_{l_0}^{l} \frac{\mathrm{d}l}{l} = \ln \frac{l}{l_0} \tag{2.2-5}$$

由于材料在塑性变形中的体积被认为是不变的,故有 $dV = 0$,即

$$A_0 l_0 = Al \qquad (2.2-6)$$

$$\frac{l}{l_0} = \frac{A_0}{A} = \frac{d_0^2}{d^2} \qquad (2.2-7)$$

把式(2.2-6)代入式(2.2-3),则有

$$\sigma_t = \frac{Fl}{A_0 l_0} \qquad (2.2-8)$$

把式(2.2-7)代入式(2.2-5),则有

$$\varepsilon_t = 2\ln\frac{d_0}{d} \qquad (2.2-9)$$

式(2.2-5)和式(2.2-8)用试样的瞬时长度来计算真应力和真应变,而式(2.2-3)和式(2.2-8)则用试样的瞬时直径来计算真应力和真应变。考虑到

$$\frac{l}{l_0} = \frac{l_0 + (l - l_0)}{l_0} = 1 + \varepsilon \qquad (2.2-10)$$

把以上结果代入式(2.2-8)和式(2.2-5)可分别得到

$$\sigma_t = \sigma(1 + \varepsilon) \qquad (2.2-11)$$

$$\varepsilon_t = \ln(1 + \varepsilon) \qquad (2.2-12)$$

式(2.2-11)和式(2.2-12)表示工程应力 σ、工程应变 ε 与真应力 σ_t、真应变 ε_t 之间的关系。也就是说,如果测出了工程应力-应变关系,通过换算即可得到真应力-应变关系曲线。

以真应变 ε_t 为横坐标、以真应力 σ_t 为纵坐标绘出的材料拉伸曲线称为真应力-应变曲线,如图 2.2.2 所示。它与工程应力-应变曲线在弹性段和初始屈服阶段的差异并不明显,而在塑性变形阶段,两者差异随着变形发展越来越大。

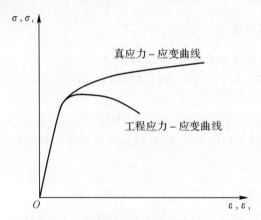

图 2.2.2　真应力-应变曲线和工程应力-应变曲线示意图

塑性阶段的应力-应变关系常见用几种数学模型来描述,比如理想塑性模型、理想弹塑性模型、线性硬化弹塑性模型以及幂硬化模型。其中和真实曲线较为接近的是幂硬化模型。其硬化段的应力-应变关系可表示为

$$\sigma_t = A\varepsilon_t^n \rightarrow \lg\sigma_t = \lg A + n\lg\varepsilon_t$$

式中,A 为硬化系数;n 为硬化指数。如果要在模拟计算和理论研究中使用该模型,这两个参数就需要通过实验确定。首先将屈服段后的工程应力-应变曲线转变为真应力-应变曲线,再

对真应力-应变数据进行对数处理,采用最小二乘法可得到以直线方程表述的应力-应变关系,由直线方程的系数和截距可得硬化系数和硬化指数。如图 2.2.3 所示即为某型号铜合金的对数真应力-应变曲线。

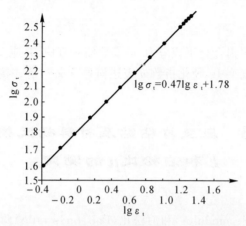

图 2.2.3　某型铜合金的对数真应力-应变曲线

2.2.5　实验步骤

本实验的步骤与 2.1 节测试材料条件屈服强度基本相同。

(1)测量试样尺寸,在试样的平行段测量 3 个截面的直径,并取其平均值计算横截面面积。

(2)根据估计的材料最大应力,选择具有合适的载荷量程的试验机,试验所需的最大载荷通常不小于试验机量程的 1/2,不大于量程的 2/3。

(3)在试验机的控制软件中调用对应试验方法,输入加载速度、试样参数、加载参数、数据存储、载荷限制、安全保护参数、需计算的数据等内容(试验机使用方法见 5.1 节),通常加载速度调整为 1～3 mm/min。

(4)根据试样平行段长度,选择具有合适量程的引伸计。

(5)对引伸计进行标定,以确定其准确性。标定方法可参阅 5.5 节相应内容。

(6)调整试验机夹头,安装试样,把试样上端安装在试验机的上夹头内,调整试验机载荷零点,再调节试验机,使试样下端与下夹头可靠连接。

(7)在试样上平行段安装引伸计,并按照引伸计量程和测试需要预设摘下引伸计选项。

(8)启动加载,在预设取下引伸计时刻,机器将提示并暂停,摘下引伸计。

(9)试样破坏后按下停止按钮,可分别打开上、下夹头,取出试样。

(10)观察断口形貌,并使用放大镜或显微镜观测断口的微观特征。

(11)将实验过程获取的载荷-横梁位移以及应力、应变数据输出,也可选择打印实验报表。

2.2.6　实验结果处理

(1)根据输出的原始数据,使用 Excel 等数据处理软件,绘制载荷-横梁位移以及应力-应变曲线。

(2)根据工程应力-应变曲线,结合真应力-应变公式[式(2.2-11)和式(2.2-12)],用 Excel 数据处理软件生成真应力-应变曲线。

（3）截取塑性段的真应力、真应变数据，进行对数处理，并用最小二乘法将其拟合为直线方程，该方程斜率即为硬化指数 n，与纵轴截距即为硬化系数 $\lg A$。参照图 2.2.3 将其绘制在坐标轴上。

2.2.7　思考题

（1）在同一坐标下画出铝合金工程应力-应变曲线和真应力-应变曲线，并对其进行比较。

（2）在幂硬化的硬化模型中，硬化指数 n 表达何种含义？当 n 接近 0 时，材料表现出何种硬化行为？

2.3　应变片粘贴及材料杨氏模量 E 和泊松比 μ 的测定

预习问题：

（1）杨氏模量（Young's modulus）和泊松比（Poisson's ratio）两个名词分别是以 Thomas Young 和 Siméon Poisson 命名的，请查阅两人的简介及其对该专业词汇所做的贡献。

（2）杨氏模量 E 与常用的表征弹簧弹性性能的弹性系数 k 有何区别和联系？

（3）最小二乘法的基本原理是什么？在实验数据处理上如何应用？

（4）电阻应变测量原理及相关技术。

工程材料的杨氏模量 E（也称为"弹性模量"）是用来描述材料在线弹性范围内的应力和应变之间关系的材料参数，而泊松比 μ 则反映了材料横向应变与纵向应变的比值。这两个参数是进行材料选择、结构设计、强度校核的基本参数，因此需要测试其具体数值。当前可用许多种方法测量杨氏模量和泊松比，但在材料力学范围里，还是采用直接测量应变和应力进行计算的方法应用得最为广泛。

应变值通常非常微小，使用常规的直尺、游标卡尺都不能实现精准的测量。早期使用杠杆式引伸计，应用杠杆原理放大试样的微小变形，并用表盘读取数据。后来的改进则是采用一对杠杆和两个表盘配合提高测量精度。由图 2.3.1 可见，这种测量方法非常直观，但在变形较大的情况下会产生较大误差，尤其不适合自动化的数据记录采集，但是由于这种测量方法无需配套电子设备就可直接读取数据，目前在工业生产领域仍有应用。当前主要将电阻应变片（具体原理参见 5.4 节）或 2.1 节中的引伸计作为测量微小变形的方法，这两种测量方法精度非常高、获取的数据可直接以电信号的形式进入数据自动记录分析系统，提高了数据获取和分析效率。本节内容为使用电阻应变片测量材料的杨氏模量和泊松比。

2.3.1　实验试样

（1）采用铝合金拉伸试验板，计划在板表面沿试样横向和纵向粘贴应变片共 4 片，一面为 R_1 和 R_2，另一面对应位置为 R'_1 和 R'_2（见图 2.3.2），具体位置现场指定。应保证应变片粘贴位置大体上在试样长度方向中间区域，且和试样对称轴对齐。

（2）取铝合金块一件，在其上粘贴若干片电阻应变片，主要用作应变桥路的温度补偿。

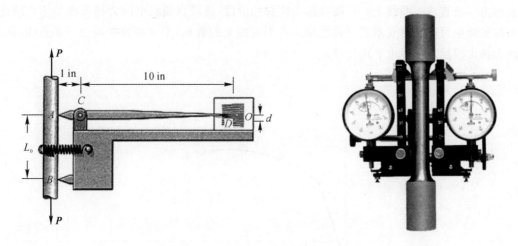

图 2.3.1   传统的机械式引伸计

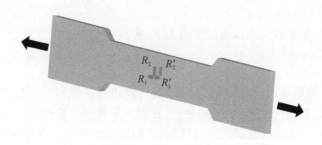

图 2.3.2   铝合金拉伸板（应变片待粘贴）

2.3.2   实验设备与工具

(1)电子万能试验机。

(2)游标卡尺。

(3)数字式电阻应变仪。

(4)电烙铁。

2.3.3   实验目的

(1)测量铝合金的杨氏模量 E 和泊松比 μ，验证胡克定律(Hooke's Law)。

(2)学会自主粘贴应变片，并会使用电阻应变仪测量应变。

(3)使用最小二乘法处理实验数据，并进行数据拟合分析。

2.3.4   实验原理和方法

常见的金属材料单轴拉伸应力-应变曲线大体形式如图 2.3.3 所示。由曲线可见，点 E 为弹性极限，意味着应力低于点 E，其变形在卸载后是可恢复的，也就是可逆的。然而，在略低于点 E 处有一点 P，当应力小于点 P 对应应力时，不仅其响应是弹性的，而且应力-应变关系可表达为一条直线。曲线上 OP 段被称为线弹性阶段,该段直线斜率即为杨氏模量 E。因此,如果在实验中可以实时获取线弹性段应力和对应应变的数据,用这些数据画出一条直线,其斜率即为杨氏模量 E。即由下式计算:

$$E = \frac{\sigma}{\varepsilon}$$

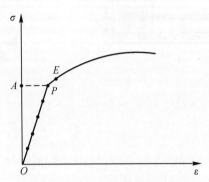

图 2.3.3 拉伸应力-应变曲线及特征点

试样的初始横截面面积为 A_0,轴向拉力为 F,横截面上的正应力为

$$\sigma = \frac{F}{A_0}$$

综合以上两式,测得载荷 F 对应的应变 ε,就可算出弹性模量 E 了。当试样轴向伸长时,其横向将缩短,反之,若轴向缩短,横向将伸长,这种现象被称为泊松效应。将轴向应变定义为 ε,横向应变定义为 ε'。试验数据显示,当试样承担的应力水平低于弹性极限时,二者之比为一常数,该常数称为横向变形系数或泊松比,用 μ 表示。则有

$$\mu = \left| \frac{\varepsilon'}{\varepsilon} \right|$$

杨氏模量和泊松比均为表达材料弹性性能的重要性能指标,是进行结构设计必需的数据,需要采用试验方法将其测试出来。

为测量轴向和横向应变,在试样正反面沿试样轴线方向并列贴上应变片 R_1 和 R'_1,沿试样横向并列贴上应变片 R_2 和 R'_2,补偿块上贴有 4 枚规格相同的应变片作为温度补偿片 R_t。在此条件下,可采用多种接线方法组成电桥测试所需数据。现举例如下:

(1)多次加载测量,采用 1/4 桥(见图 2.3.4),每次加载过程仅测量 1 个应变片的数据(见图 2.3.4)。这种方法适用于仅有单通道应变仪的情况。

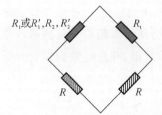

图 2.3.4 1/4 桥(单通道测量的桥路)

（2）单次加载测量，采用 1/4 桥，每次加载过程测量所有被测应变片的数据（见图 2.3.5）。这种方法适用于有多通道应变仪的试验条件。

多通道同时

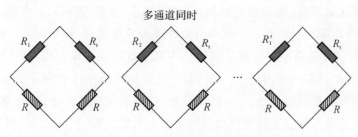

图 2.3.5　1/4 桥（多通道测量的桥路）

（3）单次加载测量，采用全桥接线方法（见图 2.3.6），这种方法适用于有多通道应变仪的试验条件，同时可有效降低由于被测试样存在轻微的初始弯曲，或由加载的载荷与试样轴线存在偏心带来的测量误差。请思考：这是为什么？

在使用该方法时，试样的轴向应变和横向应变是各通道读数应变值的一半，即

$$\varepsilon = \frac{1}{2}\varepsilon_r$$

$$\varepsilon = \frac{1}{2}\varepsilon'_r$$

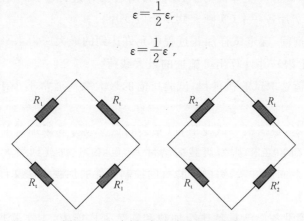

图 2.3.6　全桥（多通道测量的桥路）

（4）杨氏模量 E 和泊松比 μ 的计算。根据试验获得的 σ 和 ε 两组实验数据，可线性最小二乘法拟合出一条直线，该直线的斜率即为所测材料的弹性模量 E。利用 ε 和 ε' 两组实验数据，同样可以通过以上方法拟合一直线，其斜率则为材料的泊松比 μ。

（5）验证胡克定律。胡克定律内容为：固体材料受力后，应力与应变成线性关系，满足此定律的材料也被称为线弹性/胡克型（Hookean）材料。

基于该定律的描述，可将试验测得的试样轴向应力与对应应变值作为横纵坐标标注于坐标轴上，再依次连接这些点，如果连接线基本为一直线，就验证了胡克定律。此外，也可采用等量逐级加载方法，分别测量在相同应力增量下的轴向应变增量，若各级应变增量也大致相同，也可验证胡克定律。

2.3.5　实验步骤

（1）测量试样。在板试样工作段的上、中、下 3 个部位测量宽和厚尺寸，计算其横截面面

积,取其平均值作为试样的初始横截面积 A_0。

（2）自主粘贴应变片,焊接引线,连接应变片和导线,详细步骤如下。①筛选:首先使用放大镜检查外观,要求其基底、覆盖层无破损,敏感栅平直、整齐,无锈斑、气泡,引出线牢固;对应变片阻值与绝缘电阻进行检查。②测点表面处理和测点定位:若要应变片能牢固地粘贴在构件表面,需要对试样表面进行处理。对试样两侧中点附近区域先用粗砂纸打磨,除去氧化层、锈斑;再用细砂纸沿贴片方向成 $45°$ 角打磨。轻轻地用细钢针在应变片粘贴处划十字线;再用脱脂棉球浸丙酮(或酒精)沿同一方向清洗贴片处,直至棉球干净清洁;此后不能触碰,自然风干。③贴片:将选好的应变片背面均匀地涂上一层黏结剂(短时使用的可用 502 速干胶),胶层厚度要适中,然后将应变片的十字线对准构件欲测部位的十字交叉线,再盖上一张聚四氟乙烯薄膜,用手指朝一个方向滚压应变片,挤出气泡和过量的胶水,保证胶层尽可能薄而均匀。按压时间一般为 1 min,室温低时适当延长。将应变片引线拉起至根部(引线如粘在构件上需小心操作)并在引线下面贴上胶带防止短路。④导线的焊接与固定:导线端部去除氧化层并上锡,焊接导线,固定导线,对导线两端编号。⑤贴片质量检查:包括贴片方位、贴片质量、应变片的阻值、应变片的绝缘。⑥应变片的防护:用胶带对应变片进行防护。⑦依此方法,在试样正反两面粘贴 $0°/90°$ 应变片各一个(实际上共 4 个应变片)。

（3）向指导教师询问,确定试样加载过程中允许达到的最大应力水平(一般按照取材料屈服点 σ_s 的 50% 作为上限),并计算出可施加的最大载荷。

（4）根据最大载荷选取试验机量程,试验所需的最大载荷通常不小于试验机量程的 1/2,不大于量程的 2/3。

（5）设计加载方案:根据最大载荷值,以及其间至少应有 8 级加载的原则,确定每级载荷的大小(例如:最大载荷 80 kN,则每级载荷增量为 10 kN)。加载到最大载荷后,再逐级卸载到零点。依此逐级加载卸载方案,编制试验机的控制软件的加载方法文件(该部分需在指导教师辅导下进行)。

注意:目前的试验设备均已具备连续加载和连续采样能力,本实验也可不用逐级加载方法,而是连续对载荷和应变同步采样,具体方法可咨询指导教师。

（6）安装试样:把试样上端安装在试验机的上夹头内,调整试验机载荷零点,再调节试验机,使试样下端与下夹头可靠连接。连接需测试的应变片至应变仪各通道。

（7）调整试验机和应变测试系统:采用微动开关,调整试验机横梁,使试样上载荷为零或处于相对加载载荷量级可忽略的状态,调节所有应变通道零点,并启动采样,采集零点数据。

（8）调用已编好的加载方法文件,启动加载,在每级载荷保持阶段,启动应变采样,记录下对应此载荷时刻的应变值,直至完成一次加载、卸载过程。

（9）将此试验重复 3 次,试验结束。完毕后初步汇总分析数据,重点分析 3 次试验数据的重复性是否良好,数据的线性是否良好,选取线性最好的一组数据撰写报告。

（10）在零载荷情况下,卸除试验件,关闭试验机和应变采集仪。

试验过程中的注意事项如下:

(1)试验中要提前设定好软硬件保护措施,切勿超载。

(2)不要用力拉扯导线,保护好应变片。

2.3.6　实验结果处理

根据获得的原始数据,使用 Excel 等数据处理软件,计算并绘制出轴向应力、轴向应变数据点。分别对加载段和卸载段的数据采用最小二乘法进行线性拟合,直线斜率即为杨氏模量 E;同样,计算并绘制出轴向应变和横向应变数据点,并采用最小二乘法进行线性拟合,直线斜率即为泊松比 μ。

2.3.7　思考题

(1)在本节提到的几种不同接线测试方法中,哪一种较好?请说明其原因。

(2)多次重复试验,实验数据存在差异是由什么原因导致的?

(3)简要介绍与本节内容有关的三位科学家,Thomas Young,Siméon Poisson 以及 Robert Hooke,并描述他们对本节内容的贡献。

2.4　偏心拉伸实验

预习问题:

(1)偏心与轴心受拉构件横截面上的应力分布有何差异?

(2)在相同条件下,偏心和轴心受拉构件的承载力哪个更大?

(3)偏心受拉构件的截面应力,若作为拉伸和弯曲的组合进行求解,需要满足什么条件?

2.4.1　偏心拉伸现象及横截面应力分布

承受拉伸的杆件是在生产实践中经常遇到的,如起重机吊索、桁架结构的下缘杆等。在理论计算中,经常假定作用于杆件上的外力作用线与杆件轴向重合,杆件仅产生沿轴向伸长,形成所谓的轴向受拉构件。但实际工程中的受拉构件,由于截面形状不规则和受力情况复杂等因素的影响,载荷作用线经常偏离构件轴线,从而形成偏心拉伸的情况。偏心受拉实际上是拉伸和弯曲的组合,偏心弯矩的存在改变了构件横截面的应力分布,也影响了构件的承载能力,其影响程度取决于偏心距的大小。

本实验针对偏心受拉试样,通过应变电测法测定载荷的偏心距,以理解偏心拉伸的实质,熟悉拉弯构件的应力分布特征。由于本方法具有很高精度,可测出实际情况中微小的偏心距,故在检定精密设备或装置中的同轴度状态也具有很好的应用价值。

2.4.2　偏心拉伸试样

偏心拉伸试样的外形及几何尺寸如图 2.4.1 所示,试样中部为实验考核段。在试样两端分别设置一个加载孔,加载孔的连线即为载荷的作用线。因载荷作用线与考核段截面中心不重合,形成了偏心受拉工况。选取考核段中部截面,在试样两侧面贴 4 枚沿试样轴线方向的电阻应变片 R_1,R_2,R_3 和 R_4,并备温度补偿片供组桥用。

2.4.3　实验设备与工具

(1)偏心拉伸实验装置。偏心拉伸实验装置主要由支持系统、加载系统和测试系统组成

（见图 2.4.2）。支持系统包含基座、左右支柱和顶部横梁，构成整个实验装置主体，并作为试样的支持夹具。加载系统包含加载杆件和数字测力仪，用于施加和测量载荷。测试系统包含电阻应变片、导线和电阻应变仪等，用于测量截面不同测点处的应变。

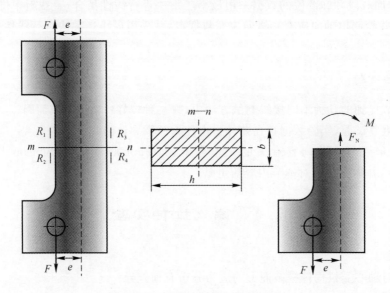

图 2.4.1　试样的形状和受力特征

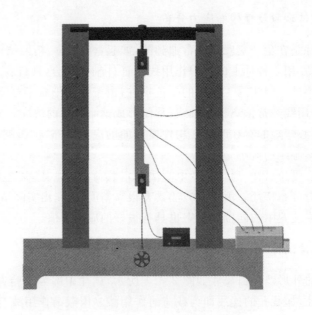

图 2.4.2　偏心拉伸实验装置示意图

（2）数字式静态电阻应变仪。

（3）电阻应变片。

（4）游标卡尺。

2.4.4 实验目的

(1)理解并练习惠斯通电桥(Wheatstone bridge)的桥路连接方法。

(2)设计并使用桥路测定偏心拉伸试样的偏心距。

(3)了解偏心拉伸构件的截面应力分布规律。

2.4.5 实验原理和方法

在本实验中,试样承受拉伸与弯曲的组合作用,用截面法将试样从截面 $m—n$ 截开(见图 2.4.1),该截面上的内力有轴力 F_N 和弯矩 M,其大小为

$$F_N = F$$

$$M = Fe$$

在试样 m 侧面,轴力产生拉应力,弯矩产生拉应力,则

$$\sigma_m = \frac{F}{A} + \frac{Fe}{W}$$

$$\varepsilon_m = \frac{1}{E}\left(\frac{F}{A} + \frac{Fe}{W}\right)$$

在试样 n 侧面,轴力产生拉应力,弯矩产生压应力,则

$$\sigma_n = \frac{F}{A} - \frac{Fe}{W} \qquad\qquad (2.4-1)$$

$$\varepsilon_n = \frac{1}{E}\left(\frac{F}{A} - \frac{Fe}{W}\right) \qquad\qquad (2.4-2)$$

利用以上关系式,结合测量电桥的特性,进行适当的组桥,即可达到实验要求。

2.4.6 实验步骤

(1)分析测点应变:推导偏心拉伸条件下,各应变测点的应变和应力状态。

(2)拟定连接方案:根据待测物理量与测点应变的关系,制定桥路连接方案,并画图表示。

(3)应变接线:按照拟定的桥路连接方案,将所需应变片接入电阻应变仪的测试通道,并检查接入线路连接是否正确。

(4)检查装置及其状态:检查实验装置的各个组成部分及其状态是否正常;检查应变桥路连接是否正确。

(5)加载及测量:加预载荷 F_0,记下初始应变值 ε_0,采用逐级等量加载制度,分级加载并逐级记录各点应变值。预载荷 $F_0 = 200$ N,载荷增量 $\Delta F = 500$ N,最大载荷 $F_1 = 1\ 700$ N。

(6)计算校核:计算各应变测点的应变是否满足等量增加;如不满足,重复测量 1~2 次。

(7)依次进行如下实验:①已知材料杨氏模量 E,用 1/4 桥测试法测定偏心拉伸试样的偏心距 e;②已知材料杨氏模量 E,用半桥自补偿法测定偏心距 e;③已知材料弹性模量 E,用全桥自补偿法测定偏心距 e。

(8)注意事项:请勿超限加载。

2.4.7 实验结果处理

(1)针对实验步骤(7)中的 3 项实验内容,分别画出组桥接线图,推导待测物理量 E,e 与应

变仪读数(应变)间的关系式。

(2)根据试样截面尺寸、载荷大小及对应的应变仪读数等实验数据,自己设计数据处理表格,并求出待测物理量。

2.4.8 思考题

(1)偏心拉伸试样横截面的应力分布是怎样的? 与轴向拉伸相比,其中性轴位置和最大正应力是否发生了变化?

(2)本实验中采用了几种方法测量偏心距? 哪一种方法更好? 为什么?

2.5 悬臂梁外载荷测试实验

预习问题:

(1)何谓惠斯通电桥? 其测量原理是什么? 其 4 个桥臂测量值存在什么特性?

(2)等截面悬臂梁中性层处的材料近似处于何种应力状态?

(3)何谓等强度悬臂梁? 其与等截面悬臂梁相比有什么显著特性?

在外力作用下,构件会产生应力和变形。通过对应力、应变的实测和分析,进而研究构件的强度问题,是解决工程强度问题的重要方法。另外,通过应力、应变测试,分析构件受力,甚至控制载荷的大小,也是工程上经常遇到的问题。应变电测法因其灵敏度高、测试范围广、实验装置轻便及适用于各类复杂环境等优点,而成为应力、应变测量的基本方法。本实验以较为简单的等截面悬臂梁为对象,对应变电测法的灵活设计及应用作基本的训练。

2.5.1 实验设备和工具

(1)等截面悬臂梁测试装置。等截面悬臂梁如图 2.5.1 所示。截面尺寸 b,h 和贴片位置 a 已知,材料的弹性模量 E 已知。在 A 截面的上表面贴应变片 1 和 2,在下表面贴应变片 3,在 B 截面的上、下表面贴应变片 4 和 5。各应变片均沿梁的轴线方向。应变片的灵敏系数 $K=2.2$。

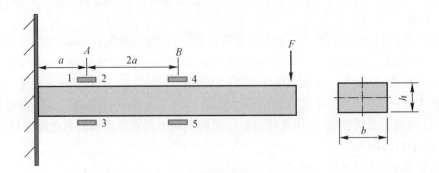

图 2.5.1 等截面悬臂梁布片图

(2)静态电阻应变仪。

2.5.2　实验目的

(1)用应变电测法测定等截面悬臂梁自由端的未知载荷和固定端的支反力偶。

(2)训练电测技术中的组桥技巧以完成未知参数的测量。

2.5.3　实验原理和方法

本实验要求,按照实验目的自主推导公式,重点是建立起各测点处的应变值与外加载荷 F 或约束端弯矩 M 的关系,即可测出所需数据。本实验的基本原理在载荷传感器设计和应变式引伸计设计中也得到了充分使用。

2.5.4　实验步骤

(1)根据实验要求,建立应变与载荷的关系式。

(2)结合惠斯通电桥的特性,自行设计相应的测试桥路并接线。

(3)在初载荷下将应变仪调零。

(4)加载并记录应变仪数据。

(5)现场计算出加载砝码重量和支反力偶,并经指导教师认可。

(6)还原实验装置,并进行数据处理。

2.5.5　实验结果处理

(1)设计测试的方案,并推导测量公式。

(2)画出测量加载砝码重量和固定端支反力偶的应变片组桥接线图。

(3)根据建立的应变-载荷关系式和实验过程中记录的应变值,写出等截面悬臂梁上的未知载荷 F 和支反力偶 M 的计算过程。

2.5.6　思考题

利用本实验装置,能否测出施力点的挠度(所有条件与本实验相同)?为什么?

2.6　材料冲击实验

预习问题:

(1)冲击载荷、静载荷和交变载荷有何差异?

(2)冲击韧性是材料的一项基本力学性能参数吗?同种材料在不同温度、不同尺寸下的冲击韧性是相同的吗?

2.6.1　冲击及材料的响应

冲击现象在日常生活中随处可见,如手机跌落、子弹冲击穿透玻璃、穿甲弹击打并穿透装甲等。

冲击过程中,由于冲击作用时间极短,材料变形速率极快,因此材料表现出不同于静态或准静态条件下的动态性能。从材料变形的机理上说,在冲击作用下,除了理想弹性变形可看做瞬态响应外,其他各种类型的非弹性变形和破坏都是以有限速率发展的非瞬态响应,也就是说材料的力学性能与应变率密切相关,这就是材料的应变率效应(见图 2.6.1)。

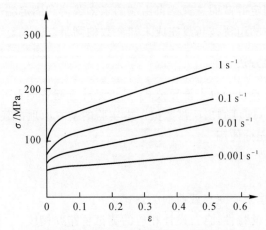

图 2.6.1　材料的在不同应变率下的响应

从材料破坏方面考虑,材料抵抗冲击破坏的能力与静态时存在很大差异。这主要体现在塑性变形通常滞后于弹性变形,且加载速率越快,滞后越严重。也就是说,在高速冲击作用下,塑性变形来不及发生,材料抵抗变形的能力和强度都有所提高,而塑性性能下降。工程中,衡量材料抵抗冲击破坏的性能指标称为冲击韧性,可通过单次大能量冲击实验来测定。本节通过摆锤式冲击实验,测定低碳钢和铸铁两种材料在冲击试验中吸收的能量值。该试验所用的试样加工简便,试验时间短,试验数据对材料组织结构、冶金缺陷敏感,是评价材料冲击韧性应用最广泛的一种力学性能试验。

2.6.2　U 型或 V 型缺口试样

材料冲击实验中通常使用缺口试样。实验前,按照 GB/T 229—2020《金属材料　夏比摆锤冲击试验方法》[该试验以法国科学家 Georges Charpy(1865—1945)命名],把金属材料加工成 U 型缺口或 V 型缺口试样,如图 2.6.2 所示。实验时,试验件两端处在简支条件,冲击作用在缺口背向,缺口部分处于受拉状态(见图 2.6.3)。当试样受到冲击作用时,缺口附近产生严重的应力集中,同时产生很高的应变速率。即使是塑性材料的缺口试样,在冲击载荷的作用下,一般都会呈现出完全或部分脆性破坏的特征,这样材料的缺口敏感性和脆性倾向就显示出来了。

2.6.3　实验设备和工具

(1)冲击试验机。冲击试验要在冲击试验机上进行(见图 2.6.4)。冲击试验机的摆锤从高度 H 处自由下落,根据能量守恒原理,重力势能逐渐转化为摆锤的动能;当摆锤在最低点处冲断试验件后,在惯性作用下继续摆动到高度 h 处,摆锤的动能又逐渐转化为重力势能。利用能量守恒定律,前、后摆锤的势能差即为冲断试验件所需的能量。摆锤的起始势能为

$$E_1 = GH = GL(1 - \cos\alpha) \tag{2.6-1}$$

冲断试样后摆锤的势能为

$$E_2 = Gh = GL(1-\cos\beta) \qquad (2.6-2)$$

试样冲断所消耗的冲击能量 K 为

$$K = E_1 - E_2$$

式中，G 为摆锤重力；L 为摆锤长度；α 为摆锤起始角度；β 为冲断后摆锤因惯性扬起的角度。

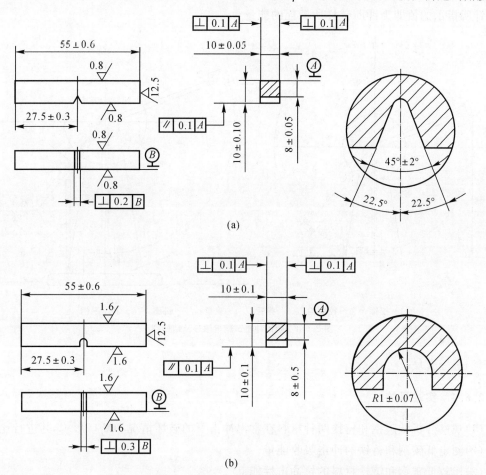

(a)

(b)

图 2.6.2　冲击试验试样

(a)夏比 V 型缺口冲击试样；　(b)夏比 U 型缺口冲击试样

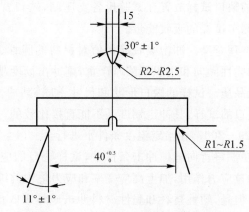

图 2.6.3　冲击实验试验件安装示意图

为了保证冲击实验的稳定性和安全性,冲击试验机必须具有一个刚性较好的底座和机身。冲击试验机上安装有摆锤、表盘和指针等。表盘和摆锤重量根据试样承载能力大小选择,一般备有两个规格的摆锤供试验时使用。摆锤通过人力或电动举升机构抬起挂在控制钩上,松开挂钩摆锤就会自由下摆打击试样。将试样打断后,用制动手柄刹车或刹车开关使摆锤停摆,表盘指针所指示的值即为冲断试样所消耗的能量。

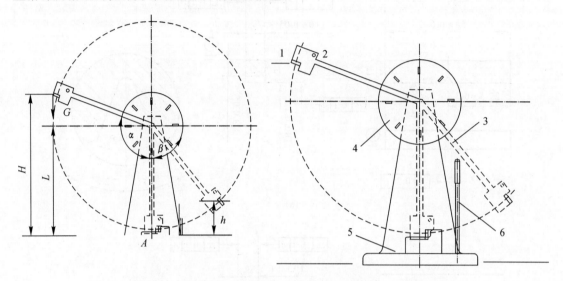

1—摆锤; 2—控制钩; 3—指针; 4—表盘; 5—机座; 6—刹车手柄
图 2.6.4 摆锤冲击试验机原理及结构图

(2)游标卡尺。

2.6.4 实验目的

(1)观察分析低碳钢和铸铁两种材料在常温冲击下的破坏情况和断口形貌,并进行比较。
(2)测定低碳钢和铸铁的冲击吸收能量。
(3)比较低碳钢和铸铁材料的抗冲击性能。

2.6.5 实验原理和方法

(1)将规定几何形状的缺口试样放置在试验机各支座间,缺口背向冲击面放置,摆锤在下落过程中一次打击试样,测定试样的吸收能量。

(2)冲击吸收能量的物理意义。冲击吸收能量值对材料的脆性、组织缺陷、缺口的形状和尺寸都十分敏感。材料的脆性倾向和组织缺陷越严重,则冲击韧度越小,故冲击试验可用来检验材料的脆化倾向和制造品质。试样的缺口形状和尺寸不同,其冲击韧度也不相同。也就是说,对于同种材料、不同缺口的试样,其冲击韧度是不能直接比较的。因此,冲击韧性的测定必须按照国家标准 GB/T 229—2007,在给定温度条件下进行。

(3)试验断口分析。在缺口背向施加冲击条件下,试样缺口的应力状态如图 2.6.5 所示。缺口根部处于三向不等的拉应力作用,加上高应变率和应力集中的综合作用,即使塑性材料也会产生脆性破坏的特征。但是,塑性材料和脆性材料冲击破坏吸收能量和破坏断口是明显不同的。图 2.6.6 是两种材料冲击破坏断口示意图。对于低碳钢等塑性材料,冲击破坏断口表现为,在中心部位为闪亮的结晶状,显示为脆性断裂,而外围则是有明显的塑性变形及剪切唇(shear lips),显示为纤维状的韧性断裂。断口上韧性断裂所占比例的大小,标志着材料韧性的优劣。在同等试验条件下,纤维区和剪切唇越大,则材料的韧性越好,而脆性材料则依然呈典型的脆性断裂模式。

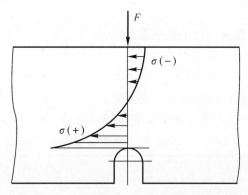

图 2.6.5 试验件在冲击状态下的应力分布

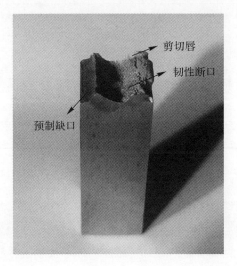
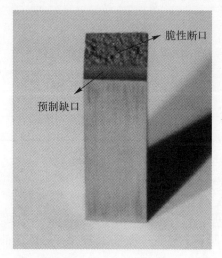

图 2.6.6 冲击试验件断口示意图

2.6.6 实验步骤

注意:本实验需要特别注意人身安全,避免安装试样时和冲击时被摆锤碰伤身体。

(1)试样测量:测量试样缺口处的截面尺寸,测三次,取平均值。

(2)摆锤选择:选择试验机度盘和摆锤大小。

(3)空打取值:先用冲击试验机进行 3 次空打实验,记录摆锤摆动一个循环的摩擦消耗能量,取 3 次消耗能量的平均值,作为摩擦消耗功 K_0。

(4)安装试样:把试样放在试验机的基座上,保证缺口背向击打面,使其处于受拉状态。

(5)预置摆锤:抬起摆锤并用控制钩挂住,指针靠在摆杆上。

(6)脱开试验:在确保安全的情况下,脱开挂钩使摆锤下落,并冲断试样。

(7)刹车停摆:试样冲断后,使用刹车使摆锤停下,记录冲击试验机上最大能量值K,并计算试样的冲击吸收能量($K-K_0$)。

(8)注意安全,听从指挥,不得各行其是。

2.6.7 实验结果处理

(1)根据测试数据,计算缺口处的横截面面积。

(2)计算试样的吸收功。

(3)对两种材料的冲击结果进行比较。

(4)画出两种材料的破坏断口草图,观察异同。

(5)根据实验目的和实验结果完成实验报告(参考表2-6-1)。

表 2-6-1 冲击实验原始数据和结果处理表

低碳钢		铸 铁	
缺口类型(U,V)			
缺口处截面尺寸	长 a/mm		
	宽 b/mm		
缺口横截面积 A_0/mm²			
空打示值 E_1/J			
冲断试样示值 E_2/J			
冲击吸收能量 K/J			
断口形貌草图			

2.6.8 思考题

(1)如将冲击吸收能量除以缺口处截面积,是否具有合理性?

(2)对于塑性材料而言,如果冲击作用的速率极大,如穿甲弹击打装甲,材料的变形和破坏会有何变化?(请查阅关于穿甲弹的资料)

(3)图2.6.7是泰坦尼克(Titanic)号钢板和近代船用钢板的冲击断口,请简要分析这两个钢种的抗冲击性能。

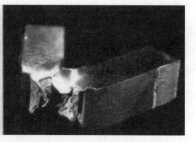

图 2.6.7 Titanic 号钢板(左图)和近代船用钢板(右图)的冲击断口

2.7　疲　劳　实　验

预习问题：

(1)交变应力的循环特征可用哪些参数表示？这些参数是相互独立的吗？

(2)疲劳破坏是怎样发生的？疲劳破坏通常会在多大的应力下发生？

2.7.1　疲劳的受力和破坏特征

在工程实际中，许多零部件要承受随时间变化的载荷作用，如列车车轴、钢轨以及减震弹簧等。这种随时间变化的载荷称为交变载荷，其在零部件中产生的应力称为交变应力。

零部件在一定量值交变应力的作用下，虽然材料在整体上没有进入屈服或破坏阶段，但在表面刻痕损伤和材料内部缺陷等微观局部，由于应力集中导致微区处在高应力状态，从而促使微裂纹产生。随着交变应力的持续作用，微裂纹逐步形成自由表面裂纹且不断扩展，直到被裂纹削弱的截面无法承担外加载荷而发生突然断裂为止。

这种在交变应力的作用下，零部件经过较长时间的应力循环而发生破坏的现象，称为疲劳。疲劳实质上是材料或结构某点局部永久性的损伤递增、裂纹萌生扩展并最终断裂的过程。疲劳破坏具有与静力破坏完全不同的特点，主要表现在：作用在材料上的宏观应力低，要经历较长时间的交变应力作用，突然发生的脆性断裂形式。

疲劳断裂的断口一般表现为明显的两个区域：扩展区和瞬断区(见图 2.7.1)。裂纹扩展区由于两个裂纹面的挤压和磨损作用，表面较为平滑光亮，部分材料可见明显的疲劳条纹，借之可辨识出裂纹源；瞬断区为截面最后断裂区域，表面较为粗糙，部分材料可表现出一定的剪切断裂特征。

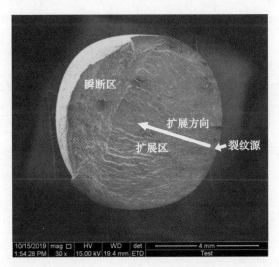

图 2.7.1　疲劳破坏典型断口

由于疲劳破坏经常突然发生，易造成重大事故。因此，对材料进行疲劳实验具有重要的工程价值。疲劳试验的测试目标与抗疲劳设计方法密切相关。目前，抗疲劳设计方法主要有两种：安全寿命设计方法和损伤容限设计方法。安全寿命设计方法要求结构件在一定使用周期内不发生疲劳破坏，设计参数主要为规定应力幅下的疲劳寿命、规定持续时间内的疲劳强度及整条 S-N 曲线，可参照国家标准 GB/T 3075—2008《金属材料　疲劳试验　轴向力控制方法》进行试验。损伤容限设计方法在保证强度和刚度的前提下，允许结构件中含有一定大小的裂纹或损伤，但必须保证裂纹在使用寿命期内不扩展到临界尺寸而失效，设计参数主要为裂纹扩展速率，可参照国家标准 GB/T 6398—2017《金属材料　疲劳试验　疲劳裂纹扩展方法》进行试验。

疲劳实验，按试样的受力方式分，可分为弯曲疲劳、轴向疲劳、扭转疲劳和复合疲劳实验等。按实验环境温度分，又可分为室温疲劳、高温疲劳和低温疲劳实验等。目前，最普遍的疲劳实验是室温弯曲疲劳和轴向疲劳实验。因为实验简单、成本低，且经过多年的理论和实验研究，对材料的疲劳极限与静强度间建立了一定的关系，积累了大量的数据和经验。

本次实验参照国家标准 GB/T 3075—2008《金属材料　疲劳试验　轴向力控制方法》，采用轴向疲劳试验方法进行，以测定材料的疲劳寿命曲线（S-N 曲线）。

2.7.2　疲劳试样

参照 GB/T 3075—2008 的规定，疲劳试样可采用圆形截面或矩形截面试样（见图 2.7.2）两种。试样可分为平行部位、夹持端和圆弧过渡段 3 部分。由于疲劳试验的影响因素很多，故对试样的加工要求很高，从试样的取样部位、取样方向、加工表面质量到保存状态等都有明确的要求，可参考标准进行确定。

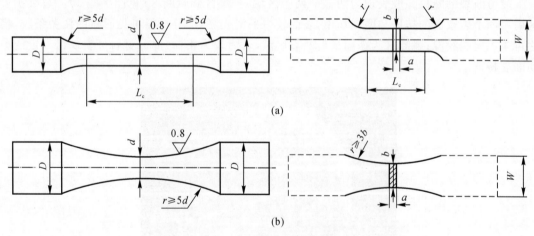

图 2.7.2　疲劳试样示意图

2.7.3　实验设备与工具

（1）疲劳试验机。

（2）游标卡尺。

2.7.4　实验目的

（1）观察疲劳破坏断口，分析疲劳破坏的主要原因及其发展过程。

（2）理解测定 S-N 曲线的方法。

(3)了解测定疲劳极限 σ_r 的方法。

2.7.5　实验原理和方法

1.等幅疲劳谱的参数的定义

参考图 2.7.3,有以下定义:

(1)应力范围:

$$\Delta\sigma = \sigma_{max} - \sigma_{min}$$

(2)应力幅值:

$$\sigma_a = \frac{1}{2}(\sigma_{max} - \sigma_{min})$$

(3)平均应力:

$$\sigma_m = \frac{1}{2}(\sigma_{max} + \sigma_{min})$$

(4)应力比:

$$R = \frac{\sigma_{min}}{\sigma_{max}}$$

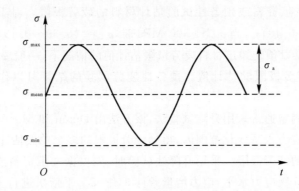

图 2.7.3　等幅疲劳谱

2.疲劳寿命曲线

疲劳寿命曲线(S-N 曲线),是指结构或元件承受的交变应力大小 S 与其疲劳寿命 N 之间的关系曲线,它描述了结构的抗疲劳特性,可用于估计结构在特定应力下的疲劳寿命,也可用于确定结构在特定寿命卜的疲劳强度。

疲劳寿命曲线一般使用单对数坐标系或双对数坐标系表示,疲劳寿命 N 为横坐标,应力幅值大小 σ_a 为纵坐标。典型的疲劳寿命曲线如图 2.7.4 所示。根据疲劳寿命的长短,可将疲劳寿命曲线分为三个区域,低周循环段($N < 10^4$)、高周循环段($10^4 < N < 10^6$ 或 10^7)和无限寿命段($N > 10^7$ 或 10^8)。低周循环段一般发生在较高应力水平下,材料可能发生局部的塑性变形,可参照国家标准 GB/T 15248—2008《金属材料轴向等幅低循环疲劳试验方法》进行试验。高周循环段一般发生在较低应力水平下,材料整体处于弹性状态,通常由微观缺陷引起裂纹萌生、扩展和破坏。无限寿命段为材料可达到指定疲劳寿命以上(10^7 次或 10^8 次)的区域。高周循环段和无限寿命段可参照国家标准 GB/T 3075—2008 进行测试。

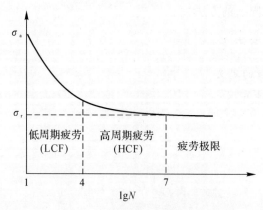

图 2.7.4 疲劳寿命曲线示意

3.疲劳极限 σ_r 的测定

疲劳极限 σ_{-1} 是指材料或元件在对称等幅应力作用下,承受无限次循环而有 50％试样存活的应力幅值。对于镁、铝合金等材料,很难测得疲劳极限,只能给出预定循环次数（10^6 次或 10^7 次）下的疲劳强度,称为条件疲劳极限。当应力交变非对称时,疲劳极限标记为 σ_r。

实验前,可根据文献资料或预备性试验估计材料的疲劳极限。对于钢材,当 $\sigma_b \leqslant 1\,300$ MPa 时,$\sigma_{-1}=(0.40\sim0.48)\sigma_b$,当 $\sigma_b>1\,300$ MPa 时,$\sigma_{-1}=(0.39\sim0.43)\sigma_b$；对于铸铁,$\sigma_{-1}=(0.34\sim0.48)\sigma_b$。在难以预先知道材料疲劳极限估计值的情况下,一般要用 2~4 根试样进行预备性试验,以取得疲劳极限的估计值。预备性疲劳试验的结果可以作为绘制升降图的数据点。

疲劳极限的正式测定通常采用升降试验法,该方法由 Dixon 和 Mood 在 1948 年提出。升降试验法是在一定的应力水平变化范围内,得到疲劳极限的多个单点估计值,并采用数理统计的方法得到更为准确的疲劳极限。采用升降法试验时,先根据文献资料或经验得到疲劳极限的估计值,然后在 3~5 级应力水平、应力增量条件 3％~5％下依次进行多个试验。第一根试样的应力水平应略高于预计的疲劳极限,根据上一根试样的试验结果（破坏或通过）,确定下一根试样的应力（降低或升高）,直至完成全部试验。

升降试验法试验数据（见图 2.7.5）要经过有效性判别才能用于估算材料的疲劳极限,一般要求 13 根以上的有效试验数据。处理试验数据时,第一次出现相反结果数据及以后的数据均为有效数据。对于第一次出现相反结果以前的实验数据,若在以后试验数据的波动范围之内,则作为有效数据加以利用。这时疲劳极限的计算公式为

$$\sigma_r = \frac{1}{m}\sum_{i=1}^{n} N_i \sigma_i$$

式中,m 为有效试验的总次数（破坏或通过的数据均计算在内）；n 为试验应力水平级数；σ_i 为第 i 级应力水平；N_i 为第 i 级应力水平下的试验次数。

4.S-N 曲线的测定

测定 S-N 曲线时,通常至少取 5 级应力水平。其中,疲劳极限可作为一级应力水平,其他每级应力水平下的试验,可采用成组试验法进行。

成组试验法的基本原理是,在某级应力水平下,进行 5 个以上试样的疲劳试验,得到每个

试样的疲劳寿命。若这组试验数据的分散度和置信度满足要求,则可根据试验数据估计该级应力水平下的中值疲劳寿命N_{50};若试验数据不满足要求,则应增加试样数量。

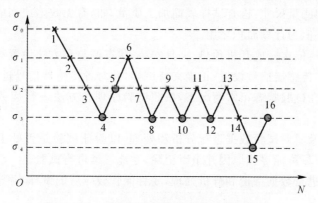

图 2.7.5　升降试验法测定疲劳极限的数据

中值疲劳寿命N_{50}需根据该组疲劳寿命的分布情况进行确定。一般情况下,当该组疲劳寿命均低于疲劳极限寿命时,采用对数正态分布法估算中值疲劳寿命;当疲劳寿命大于疲劳极限寿命时,采用中值法估算中值疲劳寿命。

(1) 在某一应力水平下,组内各疲劳寿命大部分均在10^{6}以下时,疲劳寿命按照对数正态分布进行计算,即

$$N_{50} = \lg^{-1}\left(\frac{1}{n}\sum_{i=1}^{n}\lg N_i\right)$$

式中,N_{50}为中值疲劳寿命;n为每组试样数量,也称为子样;N_i为组内第i根试样的疲劳寿命。

(2) 在某一应力水平下,组内各疲劳寿命大部分都分布在10^{6}以上,特别是在10^{7}以上,则应取这组疲劳寿命的中值作为中值疲劳寿命N_{50}。如组内试样数为奇数,则中值就是居中的那个疲劳寿命值。如组内试样数为偶数,则中值就是居于中间两个数的算术平均值。

在确定各级应力水平下的中值疲劳寿命N_{50}后,可在单对数坐标$\lg N_{50}$-σ或双对数坐标$\lg N_{50}$-$\lg\sigma$中,以应力σ为纵坐标,以N_{50}为横坐标绘制S-N曲线。图 2.7.6 给出了某高性能钢的S-N曲线。

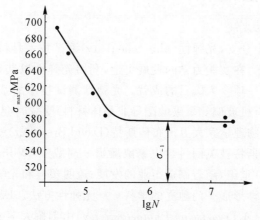

图 2.7.6　某高性能合金钢的S-N曲线

2.7.6　实验步骤

（1）试样准备和测量尺寸：检查试样表面加工质量，如，有无缺陷或伤痕。在标距内三处测量试样直径，取最小值为计算面积之用。

（2）试验机准备：依次完成开机预热、夹具安装、状态调整和方法设置等准备工作。

（3）试样安装与传感器信号设置：正确夹持试样，并对各传感器信号进行适当处理。

（4）正式试验：在试验状态正常情况下，按照试验原理和方法进行疲劳极限和 $S-N$ 曲线测定实验。

（5）试验过程：及时对试验数据进行分析和处理，以验证试验是否处于正常状态。如果出现异常试验数据，应尽可能寻找原因并予以消除，才能继续进行试验。

（6）结束试验：进行数据备份和分析处理，妥善保管破坏后的试样，并整理现场。

2.7.7　实验结果处理

试验结果处理的方法如下。

疲劳极限：按照升降试验法使用多点估计值测试。

$S-N$ 曲线：对每级应力水平下的试验数据，应先校核其分散性和置信度；在满足要求的情况下，使用对数中值寿命或中值寿命得到该级应力水平下的中值疲劳寿命；然后，根据各级应力水平的中值疲劳寿命，在单对数或双对数坐标系中画出疲劳寿命曲线。

2.7.8　思考题

疲劳破坏有哪些基本特征？结合疲劳破坏过程描述这些特征的产生过程。

2.8　光弹性实验

预习问题：
（1）查找以下基本概念：光的波动方程、光的折射、光的干涉、偏振光、应力集中。
（2）何为双折射？什么材料会产生双折射现象？永久双折射和人工双折射有何区别？

2.8.1　光弹性测试技术简介

1. 光弹性测试技术的发展

作为实验力学的一个分支，光弹性（photoelasticity）测试技术是将光学与力学相结合进行应力分析的一种实验技术，在实验力学的发展史上，利用光弹性以获得清晰的全场条纹，给出材料内部的应力分布，是一项令人瞩目的成就。光弹性测试技术的基本原理是某些各向同性透明材料（如环氧树脂、有机玻璃和聚碳酸酯等非晶体材料）受载时会展现出人工双折射现象。早在 200 多年前，苏格兰物理学家大卫·布儒斯特（David Brewster）就发现并报道了人工双折射现象，因这一发现布儒斯特被英国科学史家威廉姆·胡威立（William Whewell）誉为"现代实验光学之父"。直到 20 世纪，随着制造工业的发展，透明塑料和光学仪器的产生才使这一发现得以应用和发展，并逐渐形成一门独立的学科——光弹性方法。E. G. Coker 和 L. N. G. Filon 的著作《光弹性论》（*A Treatise on Photoelasticity*）由剑桥大学出版社在 1930 年出版，成为该学科的标准手册(见图 2.8.1)。在 1930—1940 年间,俄语、德语和法语的许多其他著作先后出版。同时该领域不断取得新的进展,大量的技术改进和简化得以实现。光测弹性力学的测量范围扩展到三维应力,并越来越流行,许多光弹性实验室建立。另外,发光二极管的出现使得数字偏光镜的发明成为可能,基于数字偏光镜处于负载下材料或结构内部应力的连续监测,促进了动态光弹性技术的发展,这对于材料断裂等方面的复杂现象研究起到了重大作用。

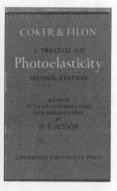

图 2.8.1　E. G. Coker(左)和 L. N. G. Filon(中)及其著作《光弹性论》(右)

除了光弹性法外,实验力学中的光学方法还有云纹法、全息干涉法、焦散线法、激光散斑干涉法和云纹干涉法等十余种,每种方法各有所长。当前,光弹性测试技术与数字图像处理技术的结合,再加上新技术(如人工智能等)和新仪器设备[如电荷耦合器件(Charge-Coupled Device,CCD)摄像机和高灵敏度固体器件等]的引入,将进一步把光测实验力学推向一个新高潮。

2. 光弹性测试技术的优势及应用

光弹性测试技术是获得力学全场信息的重要手段,其优点是直观性强,可靠性高,能直接观察到构件的全场应力分布情况,特别是对理论计算较为困难的形状复杂、载荷复杂并有应力集中的构件,光弹性测试技术更能显示出它的优势。用具有双折射性能的透明材料,制成与所研究构件形状相似的模型,并使其承受与原构件相似的载荷。将此模型置于偏振光场中,模型上即可显示出与应力有关的干涉条纹图。分析干涉条纹图即可得知模型内部应力大小和方向,再按照相似原理换算成真实构件上的应力。

光弹性测试中的双折射现象在日常生活中也很常见。例如,图 2.8.2 为一个塑料扳手卡到一个塑料方块上后产生的条纹,由图可见,在扳手与方块接触点、扳手头部与颈部产生了较强的应力集中现象。可见光弹性测试可直观地评价结构应力分布特征,这对结构强度预测、危险点评估有重要的意义。

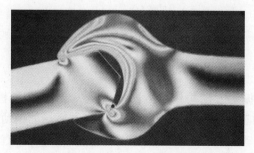

图 2.8.2　日常生活中的光弹性现象

2.8.2 光弹性试样与偏光弹性仪

(1)聚碳酸酯光弹性试样(圆片、带孔板、四点弯曲试样等)如图 2.8.3 所示。

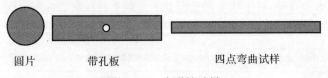

圆片　　　　带孔板　　　　　　四点弯曲试样

图 2.8.3　光弹性试样

(2)偏光弹性仪。偏光弹性仪由两侧的偏振片、中间的载物台和载荷传感器等组成(见图 2.8.4),在载物台上放置试样,并施加载荷,通过两侧的偏光镜可观察到试样上反映应力分布的条纹。

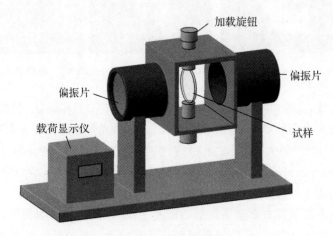

图 2.8.4　偏光弹性仪

2.8.3 实验目的

(1)了解光弹性实验的基本原理和方法,认识偏光弹性仪。

(2)观察模型受力时的条纹图案,识别等差线和等倾线,了解主应力差和条纹值的测量。

(3)对比模型的应力场理论解与光弹性测试结果,深入了解结构应力分布特征。

2.8.4 光弹性原理

光弹性实验是在光的波动、干涉与偏振等光学知识的基础上,借助透明材料受载时的双折射现象和应力-光学定律确定材料上应力分布的实验。这里首先回顾光学基础知识,然后详细介绍实验的基本原理。

1. 光的波动

光是一种电磁波,其振动方向与传播方向垂直,故光波是一种横波。光波可以描述为图 2.8.5 所示的两个正交的正弦曲线,它们分别代表电场和磁场的振动。其中 E 表示电场矢量,H 表示磁场矢量,两个振动矢量互相垂直,且都在波传播方向的垂直平面内振动。实验表明,光波中能产生感光作用及生理作用的只是电场强度,因此下面在论及光波时,仅考虑电场的振

动。设点 O 的光矢量的振动方程为

$$E = a\sin(\omega t + \alpha)$$

式中，a 表示振幅；ω 表示圆频率；t 表示时间；α 表示初相位。则与点 O 相距为 x 的任意一点 A，其振动方程为

$$E = a\sin\left[\omega\left(t - \frac{x}{v}\right) + \alpha\right]$$

其中，v 代表光速。设光波的周期为 T、波长 λ、波速 v 和频率 ω，上式可改写为

$$E = a\sin\left[2\pi\left(\frac{t}{T} - \frac{x}{\lambda}\right) + \alpha\right]$$

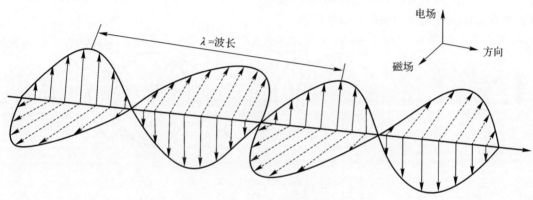

图 2.8.5　光的波动

2．光的干涉

人眼对于光的明暗感觉由光强 I 决定，光强 I 则是由光的能量决定的，它与振幅 a 的二次方成正比，即

$$I = ka^2$$

式中，k 是一个常数。

当两束或两束以上的光波相遇时，它们的光振动应为各束光振动矢量的叠加。考虑一种最简单但也是最重要的情形，即位于同一平面、振动方向和波长都相同而振幅分别为 a_1 和 a_2 的两列光波 A 和 B 经过空间同一点时的叠加情况。设两列光波合成后的光波为 C，C 仍在原平面内，其振幅将由 A 和 B 两束光波的相位差所决定，可出现以下 3 种情形：

（1）第一种互相增强。当 A 和 B 的相位相同或相位差为 2π 的整数倍时，合成后的振幅将变大，为 $(a_1 + a_2)$，光强相应地也会增强，观察时倍觉明亮。

（2）第二种互相抵消。当 A 和 B 的相位差为 π 的奇数倍时，A 和 B 的振幅相消，合成后的 C 光波振幅为 $(a_1 - a_2)$，相应地光强减弱，若 $a_1 = a_2$，则会完全抵消，形成暗点。

（3）第三种介于前两种情形之间。合成后 C 光波的振幅将是 $(a_1 + a_2)$ 和 $(a_1 - a_2)$ 之间的某个定值。

可见，两列光波相遇时，可以产生互相加强或减弱的效果，从而产生光强明暗交替变化的现象，这称为光的干涉。

3．双折射

对于各向同性的透明介质，如不受力的玻璃，光的折射严格遵循折射定律。1669 年，由丹

麦科学家 Rasmus Bartholin 首次在方解石中发现双折射效应。对于各向异性晶体,例如方解石,当一束光线入射一块方解石时,射出的将是两束光,这种现象称为双折射。

4.光的偏振

日常生活中常见的光源(如太阳和白炽灯)发出的光是由无数互不相干的光波组成的,在与其传播方向垂直的任何平面内都有光波的振动,并且没有一个方向较其他的方向占优,即在所有可能的方向上振幅相近,这种光称为自然光。自然光的光矢量这种完全杂乱的横振动是很容易加以改变的,例如当它穿过由某些特殊的透明介质制成的偏振片时,它的振动便可以被限制在一个确定的方向上,而其余方向上的振动被大大地削弱,甚至完全消除,这种改变后仅能在一个方向上做横向振动的光波,称为偏振光,如图 2.8.6 所示,自然光通过偏振片后所产生的偏振光偏振方向称为偏振片的偏振轴。

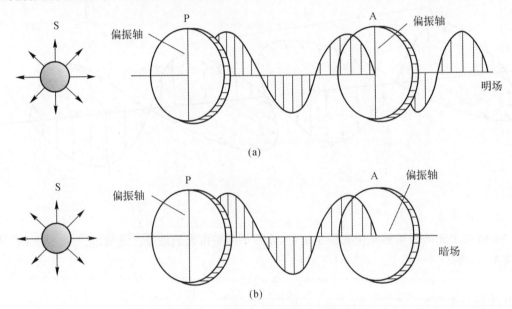

图 2.8.6 偏振光和明暗场产生原理

由图 2.8.6 可见,平面偏振光场由光源 S、起偏镜 P 和检偏镜 A 组成。起偏镜 P 和检偏镜 A 均为偏振片,各有一个偏振轴(简称为 P 轴和 A 轴)。当 P 轴与 A 轴平行,由起偏镜 P 产生的偏振光全部通过检偏镜 A,将形成明场[见图 2.8.6(a)]。如果 P 轴与 A 轴垂直,由起偏镜 P 产生的偏振光全部不能通过检偏镜 A,将形成暗场[见图 2.8.6(b)]。亮场和暗场是光弹性实验的基本光场。

除了平面偏振光,圆偏振光需要借助 1/4 波片形成。1/4 波片是一种能使 o 光和 e 光产生 $\pi/2$ 或其奇数倍的相位差的晶体薄片,光程差为 $\lambda/4$。当一束平面偏振光通过 1/4 波片且其偏振方向与 1/4 波片的快慢轴成 45°时,出来的光即为圆偏振光。关于圆偏振光的具体知识可参见《光弹性原理及测试技术》(天津大学材料力学教研定光弹组,北京:科学出版社,1980)一书。

5.应力-光学定律

应力-光学定律用来描述应力对非晶体透明材料光学特性的影响。使用偏光镜建立偏振光场,把光弹性材料制成的模型放在偏振光场中时,若模型不受力,光线通过模型后传播方向不发生改变;若模型受力,将产生暂时双折射现象,即由起偏镜 P 产生的偏振光线通过模型后将沿两个主应力方向分解为两束相互垂直的偏振光(见图 2.8.7),射出模型后两束光将产生一光程差 δ。这种偏振光沿材料主应力方向传播的特征,是光弹性测试的基本原理。

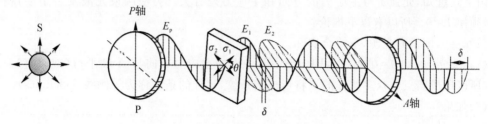

图 2.8.7　偏振光沿两个主应力方向分解

光程差 δ 与主应力差 $(\sigma_1 - \sigma_2)$ 和模型厚度 t 成正比,则有

$$\delta = Ct(\sigma_1 - \sigma_2)$$

式中,C 为模型材料的光学常数,与材料和光波波长有关。式(2-26)被称为应力-光学定律,是光弹性实验的基础。两束光通过检偏镜 A 后将合成在一个平面振动,形成干涉条纹(interference fringe)。如果光源用白色光,则形成彩色干涉条纹;如果光源用单色光,则形成明暗相间的干涉条纹。

6. 等倾线和等差线的形成

光源发出的单色光经起偏镜 P 后转变为平面偏振光,其波动方程为

$$E_p = a\sin\omega t$$

式中,a 为振幅;t 为时间;ω 为光波角速度。E_p 传播到受力模型上后被分解为沿两个主应力方向振动的两束平面偏振光 E_1 和 E_2,如图 2.8.7 所示。设 θ 为主应力 σ_1 方向与 A 轴的夹角,则这两束平面偏振光的振幅分别为

$$a_1 = a\sin\theta$$

$$a_2 = a\cos\theta$$

通常主应力 $\sigma_1 \neq \sigma_2$,因此 E_1 和 E_2 会有一个角程差,为

$$\varphi = \frac{2\pi}{\lambda}\delta$$

假如沿 σ_2 的偏振光比沿 σ_1 的慢,则两束偏振光的振动方程是

$$E_1 = a\sin\theta\sin\omega t$$

$$E_2 = a\cos\theta\sin(\omega t - \varphi)$$

当上述两束偏振光再经过检偏镜 A 时,都只有平行于 A 轴的分量才可以通过,这两个分量在同一平面内,合成后的振动方程是

$$E = a\sin2\theta\sin\frac{\varphi}{2}\cos\left(\omega t - \frac{\varphi}{2}\right)$$

式中,E 仍为一个平面偏振光,其振幅为

$$A_0 = a\sin2\theta\sin\frac{\varphi}{2}$$

根据光学原理,偏振光的强度与振幅 A_0 的平方成正比,即

$$I = Ka^2\sin^2 2\theta\sin^2\frac{\omega}{2}$$

式中，K 是光学常数，也可以写作

$$I = Ka^2 \sin^2 2\theta \sin^2 \frac{\pi C t(\sigma_1 - \sigma_2)}{\lambda}$$

由上式可知，光强 I 与主应力的方向和主应力差有关。为使两束光波发生干涉，相互抵消，必须使 $I=0$。所以有以下推论：

(1) $a=0$，即没有光源，不符合实际。

(2) $\sin 2\theta = 0$，则 $\theta = 0°$ 或 $90°$，即模型中某一点的主应力方向与 A 轴平行（或垂直）。由于 $I=0$，所以形成暗点。众多这样的点将形成暗条纹，这样的条纹称为等倾线（isoclinics）。

(3) 如果

$$\left. \begin{aligned} \sin \frac{\pi C t(\sigma_1 - \sigma_2)}{\lambda} &= 0 \\ \sigma_1 - \sigma_2 = \frac{n\lambda}{Ct} &= n\frac{f_\sigma}{t} \quad (n=0,1,2,\cdots) \end{aligned} \right\} \tag{2.8-1}$$

式中，f_σ 称为模型材料的条纹值。满足式（2.8-1）的众多点也将形成暗条纹，该条纹上的各点的主应力之差相同，故称这样的暗条纹为等差线（isochromatics）。随着 n 的取值不同，可以分为 0 级等差线、1 级等差线、2 级等差线……

综上所述，等倾线表示出各点主应力方向，而等差线表示出各点主应力的差（$\sigma_1 - \sigma_2$）。

对于单色光源而言，等倾线和等差线均为暗条纹，难免相互混淆。如果在起偏镜 P 后面和检偏镜 A 前面分别加入 1/4 波片 Q_1 和 Q_2（见图 2.8.8），得到一个圆偏振光场，最后在屏幕上便只出现等差线而无等倾线。

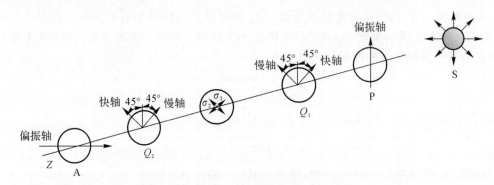

图 2.8.8　带 1/4 波片偏光弹性仪的光路

7. 典型光弹性测试原理

(1) 对径向受压圆片的光弹性测试。对于图 2.8.9 的沿直径方向受压圆片，由弹性力学可知，圆心处的主应力为

$$\sigma_1 = \frac{2F}{\pi D t}$$

$$\sigma_2 = -\frac{6F}{\pi D t}$$

代入光弹性基本方程式（2.8-1），可得

$$f_\sigma = \frac{t(\sigma_1 - \sigma_2)}{n} = \frac{8F}{\pi D t}$$

对应于一定的外载荷 F,只要测出圆心处的等差线条纹级数 n,即可求出模型材料的条纹值 f_σ。实验时,为了较准确地测出条纹值,可适当调整载荷大小,使圆心处的条纹正好是整数级。

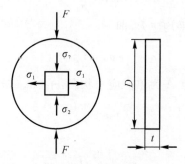

图 2.8.9　受压圆片

(2)纯弯曲梁横截面上正应力的测定。对于图 2.8.10 所示的梁,在其纯弯曲段,横截面上只有正应力,而无切应力,且

$$\sigma_1 = \frac{My}{I_z} = \frac{\frac{1}{2}Fay}{\frac{bh^3}{12}} = \frac{6Fa}{bh^3}y$$

$$\sigma_2 = 0$$

代入方程式(2.8-1),可得

$$\sigma_1 = \frac{6Fa}{bh^3}y = \frac{nf_\sigma}{b}$$

在已知材料条纹值 f_σ 的情况下,测出加载后 y_i 处的条纹级数 n_i,就可计算出该点的弯曲正应力,其公式为

$$\sigma_i = \frac{n_i f_\sigma}{b}$$

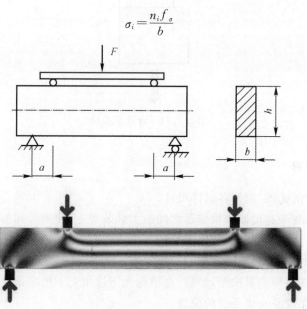

图 2.8.10　四点弯曲梁

(3)含有中心圆孔薄板的拉伸。图 2.8.11 为带孔板受拉时的情形。孔边的理论应力集中因数为

$$K_t = \frac{\sigma_{max}}{\sigma_m}$$

式中，σ_m 为点 A 所在横截面的平均应力，即

$$\sigma_m = \frac{F}{at}$$

σ_{max} 为点 A 的最大应力。因为点 A 为单向应力状态，$\sigma_1 = \sigma_{max}$，$\sigma_2 = 0$，可得

$$\sigma_{max} = \frac{n f_\sigma}{t}$$

因此

$$K_t = \frac{n f_\sigma a}{F}$$

实验时，调整载荷大小 F，使得通过点 A 的等差线恰好为整数级 n，再将预先测好的材料条纹值 f_σ 代入上式，即可获得理论应力集中因数 K_t。

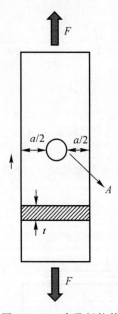

图 2.8.11　含孔板拉伸

2.8.5　实验步骤

(1)打开光弹仪的光源，测量各试样尺寸。

(2)将圆片试样置于起偏器和检偏器之间的加载装置上，使圆片和偏振片平行。

(3)用白光和单色光观察对径受压圆片的等色线(或等差线)图，掌握等色线(等差线)条纹级数读法，确定其中心条纹为 5 级时的载荷 F。

(4)卸载，换上四点弯曲梁模型，加载，在单色光下读出上下边缘条纹级数，以及载荷 F，并记录截面上整数级条纹及 0 级条纹的位置。

（5）关闭光弹仪光源，卸载，取下模型，整理记录。

（6）打开偏光光弹仪的光源，安装含中心圆孔薄板试样。

（7）调整载荷使通过 A 点的等差线恰好为整数级 n，记录载荷 F 和条纹级数 n。

（8）关闭偏光光弹仪光源，卸载，取下模型，整理记录。

2.8.6　数据整理

绘出实验加载装置简图，并标明模型尺寸。

（1）圆片径向受压，求材料条纹值。画出初测点应力状态，并测定该点条纹级数。计算出材料条纹值。

（2）四点弯曲（纯弯曲）梁横截面的应力分布。绘出实验加载装置简图，并标明模型尺寸；测定梁上、下边缘条纹级数；计算上、下表面的实测最大应力；计算上、下表面的理论最大应力值，并和实测结果进行比较。

（3）分析含中心圆孔薄板应力集中因数。

2.8.7　注意事项

（1）光弹性实验中，不要用手随意触摸实验模型。

（2）加载时要严格按照要求进行，防止超载破坏实验模型。

（3）实验结束后，要把模型从光弹性仪上及时取下，以免长时间加载损坏试样。

2.8.8　思考题

（1）在纯弯曲实验中，如何才能仅观察到模型上的等差线而无等倾线？为什么？

（2）是否可以用纯弯曲实验确定材料条纹值？怎样确定？用对径向受压圆片测定材料条纹值有何优势？

（3）相对于应变电测方法，光弹性测试有哪些优势和不足？

（4）如何分辨等差线和等倾线？

第 3 章　创新型实验

3.1　超静定梁实验

预习问题：

(1)查找如下名词的定义：超静定梁、变形比较法、功的互等定理。

(2)与静定梁相比，超静定梁有哪些优缺点？

(3)超静定梁问题有几种常用的求解方法？

3.1.1　概述

超静定梁在常见的工程结构中应用非常普遍，在相同荷载下，超静定梁可以比静定梁减小内力，使梁的截面减小或节省材料用量。据学者统计(老亮《材料力学史漫话》，北京：高等教育出版社，1993 年)，我国早在殷周时代就有关于超静定结构的应用，从殷周时代至战国时代所用车辆轮子辐条的数目由 16 条变化到 34 条，提高了车轮的强度和刚度。

超静定结构在某些多余约束被破坏后，仍能维持几何不变性，而静定结构在任一约束被破坏后，即变成可变体系而失去承载能力。因此，在抗震防灾、国防建设等方面，超静定结构比静定结构具有较强的防护能力。超静定结构的优点有：结构变形小，结构刚度强；截面尺寸小，节省材料，自重较轻；内力分配可以通过改变材料来调整到最佳的受力状态；具有较好的抵抗破坏能力，多余联系被破坏后仍能维持其几何不变性。其缺点有：工程设计需要经过复杂的计算；工程应用时易受到温度等的干扰影响。

工程中常见的超静定结构类型有：超静定梁、超静定桁架、刚架以及超静定组合结构。目前超静定梁的求解方法主要有变形比较法、力法的正则方程等，其求解步骤一般为找静定基、将多余约束用支反力代替、加载荷得到相当系统、变形与原结构一致等。本实验选取最基本的外力一次超静定梁，利用功的互等定理，通过对位移的测量，计算得力值，拓宽了测试方法。其中采用非接触式手段进行位移量的测定完成本次实验，可加深对超静定问题求解过程的理解。

3.1.2　试样

超静定梁材料采用低碳钢，其几何尺寸如图 3.1.1 所示。

3.1.3　实验设备和工具

(1)超静定梁实验装置。

(2)读数显微镜。

(3)加载砝码。

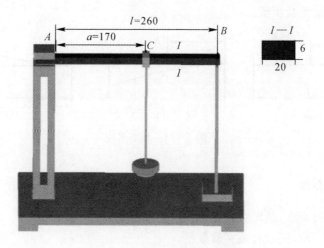

图 3.1.1　超静定梁实验装置

3.1.4　实验目的

（1）测量超静定梁（见图 3.1.2）在 C 处施加 F 力时，支座 B 的反力，并与理论解进行比较。

（2）学习使用读数显微镜测量梁挠度的方法。

（3）领会功的互等定理的应用，深入理解用变形比较法求解超静定问题的要领。

3.1.5　实验原理和方法

该超静定梁的受力简图如图 3.1.2 所示。

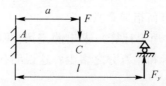

图 3.1.2　超静定梁受力简图

去除"多余"约束支座 B，用支反力 F_y 代替，得到图 3.1.3 所示的相当系统。该系统中，点 B 的挠度必须为零，即

$$f_B = 0$$

在线弹性、小变形情况下，点 B 的挠度是 F 和 F_y 在 B 点产生的挠度的叠加，则有

$$f_{B,F} + f_{B,F_y} = 0 \tag{3.1-1}$$

由式（3.1-1）可得

$$F_y = \frac{a^2(3l-a)F}{2l^3}$$

这是支反力 F_y 的理论解。

本实验只提供了测定位移的条件，而无测力手段，故需要把力和位移联系起来，这就是功。把图 3.1.3(a)看成是图 3.1.3(b)和图 3.1.3(c)的叠加，写出功的互等定理表达式。由表达式

明确测试目标,拟定实验步骤。

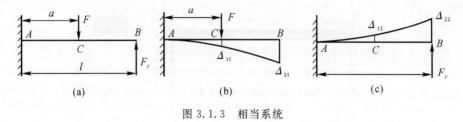

图 3.1.3　相当系统

3.1.6　实验步骤

(1)根据实验的要求,拟定实验方案和操作步骤。

(2)独立完成实验,记录有关实验数据。

(3)根据实验数据求出支反力的数值,经指导教师认可后,结束实验。如属实验方案不合理,或操作步骤有误而导致实测值与理论值相差较大,要重新思考,重做实验,直至达到目的。

3.1.7　实验结果处理

(1)结合图 3.1.3(b)(c),写出功的互等定理表达式。

(2)详细写出实验操作步骤。

(3)整理实验数据,求出 F_y 的实测值,再由 F_y 的理论解公式计算其理论值,并计算两者的误差。

3.1.8　思考题

(1)除了用读数显微镜测试 C、B 截面的挠度外,还可用什么方法测试? 其优缺点是什么?

(2)式(3.1-1)对实验操作有何指导意义?

(3)根据实验数据(不需经过理论计算),求出静定梁[见图 3.1.3(b)]和超静定梁[见图 3.1.3(b)]C 截面的挠度值? 两者相差百分之多少? 这说明什么?

3.2　超静定框架实验

预习问题:

(1)查找如下名词的定义:超静定框架、结构的对称性、载荷的对称性与反对称性。

(2)与静定框架相比,超静定框架有哪些优缺点?

(3)当结构及载荷均对称时,对称面上内力有什么特征? 非对称问题如何向对称问题简化?

3.2.1　概述

在前面章节所述的一些基本构件实验,如薄壁圆管弯扭组合变形实验、组合梁弯曲正应力实验、压杆稳定实验等内容中,由于其构件几何形状简单,在平面内受力,比较容易得到理论解。但对于工程中常见的超静定框架结构,如飞机及汽车的车架,锻压机械等各种机器的机架以及在生活中常见的自行车的车架等,都是较为复杂的典型结构。

针对超静定框架的研究主要由 19 世纪发展的桁架分析演变而来,随着钢筋混凝土材料的出现,超静定框架结构因其广泛使用而发展出新的研究方法。关于超静定框架的应用,我国古代也早有研究,北宋政治家、科学家沈括在他的著作《梦溪笔谈》里写到:盖钉板上下弥束,六幕相联如胠篋,人履其板,六幕相持,自不能动。意思就是因为钉牢了木板,上下更加紧密相束,上下、左右、前后六面互相连接就像只箱子,人踩在那楼板上,上下及四周板壁互相支撑,当然不会晃动。这也表明当时对于"增加结构各部分的相互约束可以提高整体刚度"的道理,已经有所认识。

3.2.2　试样

框架材料采用低碳钢,其几何尺寸如图 3.2.1 所示。

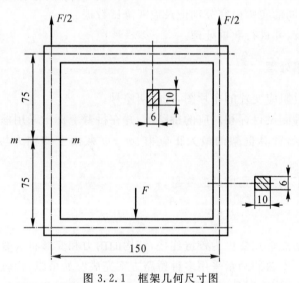

图 3.2.1　框架几何尺寸图

3.2.3　实验设备和工具

(1)加载架。

(2)数字式静态电阻应变仪。

(3)框架试样。

3.2.4　实验目的

(1)测定超静定框架的内力、应力及变形,结合理论与实验结果分析超静定框架结构内力分布的特点。

(2)掌握电测法贴片组桥的多点测量技术,培养根据实验目标建立合理实验方案的思想方法,提高综合实验能力。

3.2.5　实验原理和方法

超静定框架受载情况如图 3.2.1 所示。对该框架模型进行理论分析时,应注意到结构是对称的,应进行对称简化,作出框架的轴力图、剪力图和弯矩图。在理论分析的基础上,确定应变片的布置方案,通过实验并对实验数据进行处理,就可以得到结构内力的大小和分布,包括超静定框架的最大正应力、m—m 截面上的轴力和弯矩,在对称载荷作用下对称截面上剪力为零的验证,受载后框架下几何角点处角度的改变量等。另外,建议尝试使用有限元法预先对该结构的受力特征和应变分布进行预测,以便与实验结果对比。

3.2.6 实验步骤

(1)测量超静定框架的几何尺寸数据。
(2)根据试样形状、尺寸以及不同的实验内容,选择相应的应变片类型,拟定贴片方案。
(3)拟定应变片接线方案并接线。
(4)安装超静定框架,测试电阻应变仪。
(5)加载,并按不同的实验内容分别记录应变测试数据。
(6)还原实验装置,并进行数据处理。

3.2.7 实验结果处理

(1)画出框架上电阻应变片的布片图,并标明序号。
(2)画出与每一种测试目标相对应的桥路图,并在桥臂上标出采用框架上的哪个应变片。
(3)根据测量数据,计算框架的最大正应力、m—m 截面上的轴力与弯矩值,并与理论值比较。
(4)计算出框架下拐角处角度的改变量。

3.2.8 思考题

(1)若将框架的结点形式变更为铰链连接,结构的内力和变形将会有什么不同?
(2)可否针对某一参数的测量采用多种桥路方案完成? 如可以,比较其优缺点。
(3)测量过程中,结构变形是否随载荷线性增加? 如何说明此问题?

3.3 工字截面薄壁构件实验

预习问题:
(1)查找如下名词的定义:薄壁构件、圣维南原理。
(2)航空、航天机械构件中有哪些典型构件采用薄壁结构? 它们有什么优点?

3.3.1 概述

在机械结构中,特别是在现今的航空航天机械构件,薄壁构件尤其是铝合金薄壁整体结构件,因其结构刚度好、比强度高、结构整体性强等优点,得到了广泛的应用。航空薄壁构件目前主要有薄壁肋板类构件、薄壁回转体结构件和薄壁框架类构件等。薄壁回转体结构件是指壁厚与其内径轮廓尺寸之比小于 $1:20$ 的零件,此类零件重量小、结构优,广泛应用于航空仪表等。薄壁腹板类结构件是指工件自身具有一条或数条筋条支撑整体的结构,其筋条厚度尺寸一般为 $5 \sim 10$ mm。薄壁框架类结构件属超高面厚比工件,即板面尺寸与工件最小厚度尺寸之比大于 10：1 的零件。

　　薄壁构件因其自身结构的特殊性，变形和应力情况与前述章节中研究的杆、轴、梁等构件相比，情况更为复杂，研究方法也有很大的不同。本实验选取常见的工字形截面直杆进行拉伸实验，来揭示薄壁构件的一些特殊现象。

3.3.2　试样

试样由铝合金杆件制成，截面形状为工字形，尺寸如图 3.3.1 所示。

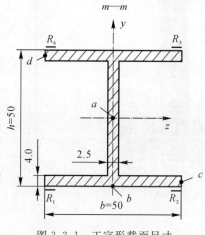

图 3.3.1　工字形截面尺寸

3.3.3　实验设备和工具

（1）加载系统，其由加载架、杠杆、砝码等组成。

（2）数字式静态电阻应变仪。

（3）薄壁工字形截面试样。

3.3.4　实验目的

（1）用电测法测定工字形铝薄壁型材在不同方式拉力作用下，指定截面上指定点的应力值，并进行比较。

（2）观察圣维南现象。

（3）观察受拉构件的扭转情况。

3.3.5　实验原理和方法

　　工字形铝薄壁构件在加载端，设计有 4 个不同的连接位置，通过调节位置，可使构件受不同的载荷作用，其加载形式如图 3.3.2 所示。

　　在薄壁构件的 $m—m$ 截面上，沿杆件的纵向贴 4 枚电阻应变片 R_1，R_2，R_3，R_4，沿杆件的轴线分布若干枚电阻应变片，在腹板与翼缘的中间，各贴 2 枚电阻应变片 R_5，R_6 和 R_7，R_8。布片方式如图 3.3.3 所示。

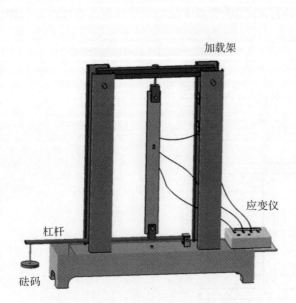

图 3.3.2 薄壁构件加载示意图

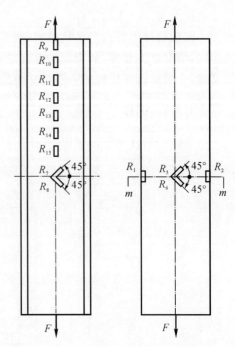

图 3.3.3 薄壁构件应变片布置图

3.3.6 实验步骤

在底部不同加载点上分别施加拉力 F,测量各应变测点的数据。

(1)在点 a 施加拉力 F,测出 m—m 截面上 $R_1 \sim R_8$ 各点的应变值,并测出沿轴线分布各应变片 $R_9 \sim R_{15}$ 的应变值。

(2)在点 b 加施拉力 F,测出 $R_1 \sim R_8$ 各点的应变值。

(3)在点 c 施加拉力 F,测出 $R_1 \sim R_8$ 各点的应变值。

(4)在 c,d 两点同时施加 $F/2$ 的拉力,测出 $R_1 \sim R_8$ 各点的应变值。

3.3.7 实验结果处理

(1)分别记录 4 次加载方式下各应变测点的数据,记录表可参阅表 3 – 3 – 1。

表 3 – 3 – 1 应变原始数据

	R_1	R_2	...	...	R_{15}
点 a 加载					
点 b 加载					
⋮					

(2)由应变测试数据换算出各点的应力值,填入表 3 – 3 – 2。

表 3 – 3 – 2　应力数据

	R_1	R_2	...	...	R_{15}
点 a 加载					
点 b 加载					
⋮					

（3）在点 a 加载条件下，根据 $R_9 \sim R_{15}$ 的测试值，画出应力沿杆件轴线的变化图。

3.3.8　思考题

（1）在点 a 加载条件下，$R_9 \sim R_{15}$ 的应力分布曲线说明了何种问题？

（2）在哪些加载情况下杆件会发生扭转？请用测试结果加以说明。

3.4　复合材料力学实验简介

目前复合材料的应用非常广泛，尤其在航空航天工业，既要低重量又要高强度的结构设计需求，使得复合材料已经成为许多主要承载结构的优选材料。现代复合材料能够被大规模应用是基于 20 世纪中期研制出的玻璃纤维-聚酯复合材料，这也是来源于自然界的灵感，如木材和竹子，都可被视为纤维增强复合材料。纤维增强复合材料的力学特性在顺纤维和垂直纤维方向具有很大差异，这种差异被称为各向异性。在结构设计中也可利用材料的各向异性达到所需的目标。

经过几十年的发展，目前实现工业化生产并应用的复合材料的种类很多，在航空工业应用较多的是玻璃纤维复合材料和碳纤维复合材料。这两种复合材料分别用玻璃纤维和碳纤维作为增强材料，以高分子树脂作为基体。玻璃纤维的弹性模量较碳纤维低，而碳纤维增强复合材料具有更高的刚度，在飞机结构设计中得到了广泛的应用。当前碳纤维增强复合材料主要是以板类形式在结构中使用，比如机翼壁板、机身壁板等都可用复合材料板制造。中国最新研制的 CR929 大型客机，其机身就是直径为 6 m 的复合材料筒段。把增强纤维均匀、平行排列在树脂基体中构成的单向铺层，简称为铺层。由图 3.4.1 可见，在复合材料板中，每层均为一个单向铺层，通过多层的叠加后，就可形成层合板。铺层方向均相同的为单向层合板，铺层方向不同的称为多向层合板。

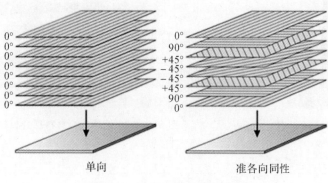

图 3.4.1　复合材料铺层形式

正如同金属材料被应用前需要测试杨氏模量、泊松比、屈服强度等参数一样,复合材料要被应用于结构,也必须获取足够的实验数据以支撑设计和校核。但是,正是由于其各向异性,需测试的参数很多,且各种不同的铺层方案都需分别测试。另外,如果将复合材料应用在结构上,还需专门对其在结构细节设计中的各种性能进行测试。这些都使得复合材料力学性能测试所需的试样数量上比金属材料多很多。通常,要把一种复合材料应用于飞机上,需要几千甚至上万件各类试样以测试所需的各类参数。目前国际上多用美国 ASTM 测试标准,在中国使用国家标准(GB)对复合材料力学实验进行规范,本节仅对常用的几种复合材料力学性能实验进行介绍。

3.4.1 拉伸实验

复合材料层合板拉伸实验通常使用矩形平板,其试样形状尺寸如图 3.4.2 所示,主要用于测试材料的抗拉强度、弹性模量和泊松比。在试样两端的加强片是为了降低夹持的应力集中,以避免从夹持端断裂。拉伸实验通常要测试材料的弹性模量、泊松比和抗拉强度,前两个参数的测试通常可用粘贴应变片或安装引伸计完成。试样在试验机上的安装方法与金属材料拉伸实验基本相同(见图 3.4.3),实验方案的设计也大体相同,但是试样拉伸破坏后的断口特征与其铺层方式密切相关。图 3.4.4 为 0°铺层的层合板拉断时的断口,可见纤维呈现爆炸式的断裂。

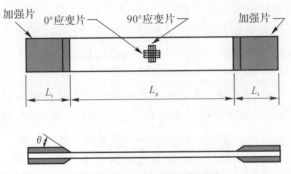

图 3.4.2　复合材料拉伸试样

图 3.4.3　复合材料层合板拉伸试验

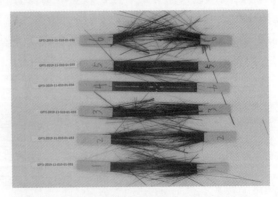

图 3.4.4　0°铺层复合材料层合板拉伸破坏

3.4.2 压缩实验

复合材料层合板的压缩实验试样也是矩形板状。压缩实验多用于测试层合板的抗压强度和模量。如图 3.4.5 所示,试样两端是较长的加强片,中间只有较短的空间是测试段。实验需要专用的夹具才能完成,这些夹具都是为了保证试样能够被可靠夹持,且避免在出现压缩破坏之前就发生失稳破坏。通常压缩破坏时的夹具和试样安装如图 3.4.6 所示。

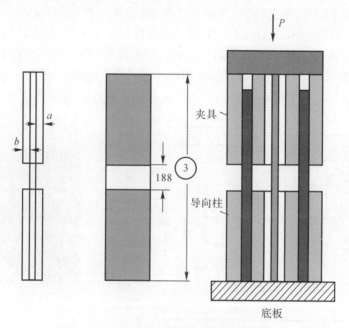

图 3.4.5 复合材料压缩试样及夹具示意图

图 3.4.6 复合材料层合板压缩实验

3.4.3　剪切实验

复合材料层合板有很多种剪切实验方法,常用的有如下两种:

(1)通过拉伸实验测试面内剪切响应,所用试样为仅含±45°铺层的层合板,在试样中部沿轴向和横向粘贴应变片测试切应变,主要目的是测试复合材料层合板平面内剪切应力、应变响应及剪切模量。

(2)对含 V 型缺口梁进行剪切以测试其性能,该实验也被称为 Iosipescu 剪切实验,这是因为 Iosipescu 在 1967 年首次提出了该实验。该实验对一具有 V 型缺口的试样进行剪切加载,使得 V 型缺口出形成纯剪切应力场,并在此区域粘贴±45°应变片测试切应变,如图3.4.7所示。合理设计的试样,其可用来测量铺层面内和层间的剪切强度、剪切模量等参数。

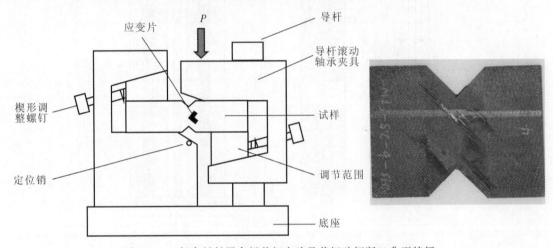

图 3.4.7　复合材料层合板剪切实验及剪切破坏断口典型特征

3.4.4　材料许用值实验

在复合材料结构分析和实验中,其性能是基于统计处理的材料性能,材料设计许用值通常有 A 基准和 B 基准。

(1)A 基准是在95%置信度下,99%的性能数据群的最小值。该基准值用于设计单一承载元件,如果该元件失效,整个结构将破坏。

(2)B 基准是在95%置信度下,90%的性能数据群的最小值。该基准值用于多个元件可存在冗余设计的结构中,其中某一元件失效,载荷可安全地分配到其他元件上。

基于该定义,通常对复合材料层合板的试样的数据进行统计分析,最终要符合某一基准,才能成为设计许用值。考虑到复合材料性能的分散性,许用值实验所需的试样数量是非常大的。

第4章　动力学实验

4.1　结构动力学参数测量实验

预习问题：

(1)查找强迫振动和自由振动的定义。生活中有哪些强迫振动的实例？

(2)什么是结构的固有频率和共振频率？两者有什么区别？

结构系统在周期性外力的作用下所发生的振动被称为强迫振动,此外来的周期性力称为驱动力或激励力。简谐激励下的强迫振动是指激励的大小是时间的简谐函数,在工程结构的振动中经常发生,通常由旋转机械的失衡造成,如发动机转子轻微偏心所导致的汽车车身或飞机机体的振动。简谐激励下的强迫振动分析和实验是研究周期激励以及非周期激励下系统响应的基础,通过分析系统所受的简谐激励与系统响应的关系,可以测定结构系统的基本动力学参数,如固有频率和阻尼等,进而预测系统的振动特性。早期尚未清楚认识结构振动特性时,发生了诸多事故,如18世纪中叶法国昂热市的大桥在士兵整齐步伐的激励下突然断裂,伤亡惨重,类似的事件还发生于1906年圣彼得堡附近的丰坦卡大桥,这都是由于士兵列队齐走的频率与大桥的固有频率相同而引发的大桥共振。此外,还有著名的塔科马海峡大桥坍塌事件,1940年11月,在67 km/h的风速下大桥发生颤振,最终彻底坍塌(见图4.1.1),幸运的是此次事故中没有人失去生命。三年后,纽约市一座类似的大桥——白石大桥上加装了华伦式桁架(2001年改装为液压阻尼器)和倾斜支柱以减少桥面的振动。此外,飞机在一定的飞行工况下也会发生机翼颤振现象,机翼颤振的机理较为复杂,至今仍有很多学者致力于颤振预测的研究。无论是外在激励引起的共振还是像颤振这种自激振动,掌握系统的固有频率和阻尼等基本参数对预防有害振动的发生都有重要意义。

图4.1.1　风载造成塔科马海峡大桥桥面颤振进而坍塌

4.1.1 实验内容

(1)用稳态激扰法分别测量具有不同阻尼结构形式的两种悬臂梁在简谐力激扰条件下强迫振动的幅频响应曲线。

(2)根据幅频响应曲线来确定结构的固有频率和阻尼系数。

(3)分析阻尼对结构响应及共振频率的影响。

4.1.2 实验装置

如图 4.1.2 所示,实验装置由两种悬臂梁组成,一是基本弹性梁,二是自由阻尼梁。自由阻尼梁是在原基本弹性梁(320 mm×56 mm×6 mm)上侧硫化了一层 8 mm 厚的高分子阻尼材料,这种增加阻尼的工程结构在实际应用中具有普遍意义。非接触式电磁激振器是依据电磁感应原理来工作的,其内置有钕铁硼永久强磁铁,并在磁路中绕有线圈;当线圈上通过交变电流信号时,磁隙中的磁场发生变化,从而对铁质试样施加电磁力的作用;电磁力的大小与气隙中的磁感应强度、线圈的匝数及线圈中通过的电流强度成正比,与气隙的厚度成反比;电磁力的频率与线圈中电流的频率相同。扫频激振信号发生器是一台集正弦信号发生器和功率放大器为一体的,具有恒流输出、手动调频、自动扫频、对数及线性两种模式的激振器专用控制仪器,用于控制激振器输出电磁力的大小和频率,并且在频率变化时其恒流输出功能可保证激振器输出电磁力的幅值不变。非接触式速度传感器的工作原理与激振器相同,也是依据电磁感应原理来工作的;其内置有钕铁硼永久强磁铁,并在磁路中绕有线圈;当铁质试样振动时,线圈上感应的电势大小与气隙中的磁感应强度、线圈的匝数及铁质试样振动的速度成正比,与气隙的厚度成反比;感应电势的频率与铁质试样振动的频率相同。振动测量仪是专门针对该速度传感器设计的,具有微、积分网络,灵敏度校正和滤波单元,可测量振动的绝对位移、速度和加速度。底座用于固连相关构件。

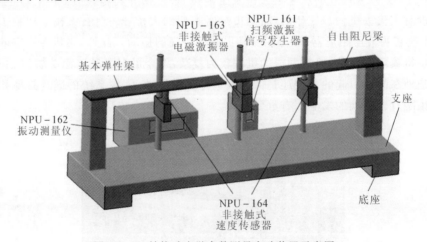

图 4.1.2　结构动力学参数测量实验装置示意图

4.1.3 实验目的

(1)加深对理论力学课程中强迫振动基本知识的理解,特别是共振现象和阻尼对结构响应的影响。

（2）掌握结构系统固有频率、阻尼系数的物理意义及其测量方法。

（3）掌握常用振动测量仪器，特别是非接触式测量仪器的正确使用方法。

4.1.4　实验原理

在研究梁的低阶振动特性时，可将其简化为图 4.1.3 所示的单自由度力学模型。

图 4.1.3 中，m 为其等效质量；c 为其等效弹簧刚度；μ 为其等效黏滞阻力系数。在简谐力 $S = H\sin pt(\text{N})$ 的作用下，其作强迫振动，振动的微分方程为

$$\ddot{x} + 2n\dot{x} + k^2 x = h\sin pt \tag{4.1-1}$$

式中，$k = \sqrt{c/m}(\text{rad}\cdot\text{s}^{-1})$，为结构的固有圆频率；$n = \mu/2\text{m}(\text{s}^{-1})$，为结构的阻尼系数；$h = H/m(\text{ms}^{-2})$。其强迫振动的解为

$$x = B\sin(pt - \varepsilon) \tag{4.1-2}$$

式中，B 为其强迫振动的位移幅值，ε 为位移滞后力的相位角。其值分别为

$$B = \frac{h}{\sqrt{(k^2 - p^2)^2 + (2np)^2}} \tag{4.1-3}$$

$$\tan\varepsilon = \frac{2np}{k^2 - p^2} \tag{4.1-4}$$

当梁结构确定后，其 m,c,μ 均为一定值。由式（4.1-3）可知，在实验过程中，只要保证激扰力幅值 H 为一常量，则梁的振动幅值 B 仅是激扰频率 p 的函数，其关系曲线如图 4.1.4 所示。

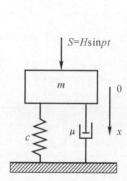

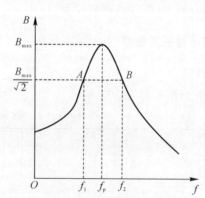

图 4.1.3　单自由度模型　　　　图 4.1.4　幅频响应曲线

在图 4.1.4 所示的幅频响应曲线图上，$f = (1/2\pi)p(\text{Hz})$，振幅最大值 $B_{\max}$ 对应的激扰频率 f_p 称梁的一阶共振频率，它与梁的固有圆频率 k 和阻尼系数 n 之间的关系为

$$f_p = \frac{1}{2\pi}\, p_p = \frac{1}{2\pi}\sqrt{k^2 - 2\,n^2}\quad(\text{Hz}) \tag{4.1-5}$$

$B_{\max}/\sqrt{2}$ 与幅频曲线的两交点 A、B 称为半功率点，对应的激扰频率 f_1 和 f_2 称为半功率点频率。可以推导出在小阻尼条件下，梁结构的阻尼系数为

$$n = \frac{1}{2}(f_2 - f_1)\quad(\text{s}^{-1}) \tag{4.1-6}$$

故梁的一阶固有频率为

$$f_0 = \frac{1}{2\pi}k = \sqrt{f_p^2 + 2\,n^2} \quad (\text{Hz}) \tag{4.1-7}$$

4.1.5 实验步骤

(1)按图 4.1.2 连接仪器。激振器距基本弹性梁自由端 30 mm,传感器距梁自由端 200 mm;调节激振器和传感器的高度,使之距梁底面分别为 3.0 mm 和 2.0 mm(备有塞尺);基本弹性梁下传感器接振动测量仪 A 通道,自由阻尼梁下传感器接振动测量仪 B 通道;信号发生器输出"幅度"旋钮逆时针旋转到底,扫频方式按下"手动"和"对数"两键;振动测量仪测量模式钮置"位移"档,频率上限钮置"1 K"挡。

(2)按下信号发生器显示屏右侧的"Hz"键,调节"手动"钮,使频率显示在 60 Hz,然后按下显示屏右侧的"mA"键,调节输出"幅度"钮,使电流显示在 400 mA,再按下显示的"Hz"键,调节"手动"钮,使频率显示为 20 Hz,分别记录此时频率 f 和振动测量仪上显示的位移幅值 B。

(3)调节信号发生器"手动"钮,使频率显示递增 5 Hz(在位移幅值变化较大时递增 1~2 Hz),并同时记录振动测量仪上显示的位移幅值 B,直到信号发生器频率显示到 85 Hz 为止。

(4)将信号发生器输出"幅度"钮逆时针旋转到底,调节激振器距自由阻尼梁自由端 30 mm 处,并调整其高度,使之距梁底 3.0 mm。按下振动测量仪"输入"键至 B 通道,重复步骤(2)(3)。

(5)数据经指导教师检查无误后,将信号发生器输出"幅度"钮逆时针旋转到底,关掉仪器电源,拆除连接导线,复原并整理好仪器。

4.1.6 实验数据及处理

1.基本弹性梁

将数据记录于表 4-1-1 中。

表 4-1-1 数据记录表(1)

f/Hz															
B/mm															

2.自由阻尼梁

将数据记录于表 4-1-2 中。

表 4-1-2 数据记录表(2)

f/Hz															
B/mm															

在同一坐标纸上、同一坐标下,分别画出基本弹性梁和自由阻尼梁实测的幅频响应曲线,并按照实验原理的叙述方法及式(4.1-6)、式(4.1-7)确定该梁在不同阻尼结构形式下的固有频率和阻尼系数两参数。

4.1.7　思考题

(1)分析阻尼对结构响应及共振频率的影响。

(2)试推导式(4.1-6)。

(3)试解释梁在共振状态下出现的拍振现象。

4.2　碰撞动力学参数实验

预习问题:

(1)碰撞过程涉及哪些参数的变化?

(2)碰撞前、后总动能会发生什么变化? 为什么?

　　碰撞是在宏观和微观世界中常见的力学现象,宏观世界中,如各种球类运动中球与球之间,球与球拍、球棒、球门等之间的撞击以及人体之间的撞击等,还有交通环境中的车辆相撞等;微观世界中,如分子的碰撞理论被用于解释化学反应的过程,质子和强子对撞被物理科学家用于探索新的粒子和发现微观量化粒子的"新物理"机制。碰撞的发生常常伴随着能量的转换和损失,且碰撞力、动能损失和碰撞前后的状态变化等与碰撞物体本身的特性以及碰撞方位、速度等密切相关,需要通过实验和理论研究其中的规律,以指导实际生活和生产。

　　一般而言,碰撞往往在极短的时间内完成,相撞物体会受到巨大的撞击力,在很小的相对位移下速度发生显著变化。1686 年,牛顿提出的第三定律为碰撞动力学研究奠定了基础。经典刚体碰撞理论以两光滑刚性物体的正向中心碰撞为研究对象,定义了恢复系数的概念,来描述碰撞过程中的能量损失。之后,学者们进一步考虑摩擦和表面粗糙度等因素对经典理论进行了修正和改进。不同于刚性物体的碰撞,软物质之间的碰撞则会经历较长的时间,如水滴撞击橡胶,这种碰撞过程中会发生更为复杂的形态变化和表面变形,仍需进一步的研究。

4.2.1　实验内容

(1)测定碰撞过程的持续时间、最大加速度、最大碰撞力、平均碰撞力、碰撞冲量。

(2)测定碰撞前、后的瞬时速度,碰撞恢复系数以及碰撞过程中的动能损失。

4.2.2　实验装置

　　如图 4.2.1 所示,实验装置主要由以下两部分组成:由冲击摆与单自由度系统构成一对正碰撞系统,由加速度传感器、电荷放大器、数字存储示波器构成测试分析系统。摆杆与小球构成冲击摆,摆长可调,角度刻盘指示小球摆动的初始角度 θ。质量块与弹簧构成单自由度质量-弹簧系统,其固有频率设定为冲击摆固有频率的整数倍。滑动支承采用三轴向滚动轴承支承,以减小或有意增大质量块的摩擦力。碰撞头与质量块刚性连接,并可更换成不同的材料,如铝、铜、钢、尼龙等,以便测量不同材料的碰撞恢复系数。两个加速度传感器分别刚性固定在小球和质量块上,当小球以初始角度 θ 释放后与碰撞头碰撞时,分别感受小球和质量块上的碰撞加速度,并将其转换成与之成正比的电荷信号送给电荷放大器。电荷放大器对该电荷信号进行归一化处理、滤波,适度放大后输给双通道数字存储示波器;数字存储示波器对冲击的加速度信号进行高速采样、显示、测量、数学计算等,以完成实验所要求的内容。

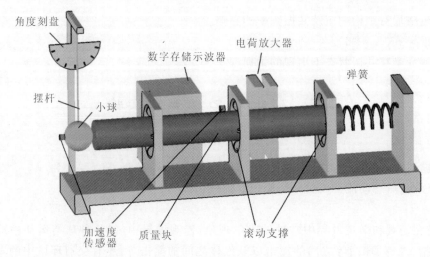

图 4.2.1 碰撞动力学参数测量实验装置示意图

4.2.3 实验目的

(1)加深对理论力学课程中碰撞基本知识和这一瞬态现象的理解。

(2)掌握碰撞过程中动力学参数的物理意义、相互关系及其测量方法。

(3)学会对实验中出现的相关现象进行分析与解释。

4.2.4 实验原理

碰撞的特点是,其过程持续时间极短,相撞物体的位移几乎为零,而速度变化显著,从而导致相撞物体的加速度和碰撞力都极其巨大,并且伴随着能量的损失。

图 4.2.2 为冲击摆和质量块碰撞时的运动和受力分析图。令摆杆的质量为 m_0,长度为 l,小球和传感器的质量为 m_1,小球半径为 r,摆动初始角度为 θ,冲击摆碰撞前的速度为 v_1,碰撞后的速度为 u_1,质量块给其的冲量为 S_2;质量块的质量为 m_2,其碰撞前的速度为 v_2,碰撞后的速度为 u_2,冲击摆给其的冲量为 S_1,v_1,u_1,v_2,u_2,S_1,S_2 仅表示其绝对值。

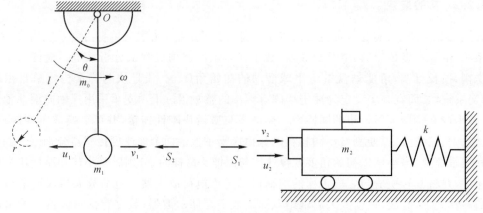

图 4.2.2 冲击摆和质量-弹簧系统碰撞时的动力分析

对于冲击摆,根据冲量矩定理,在碰撞过程中其对轴 O 动量矩的变化等于所受外碰撞冲量对轴 O 之矩的总和。有

$$I_o(\omega - \omega_0) = -S_2(l+r)$$

式中,$\omega = \dfrac{-u_1}{l+r}$,$\omega_0 = \dfrac{v_1}{l+r}$,故有

$$u_1 = \frac{S_2}{I_0}(l+r)^2 - v_1$$

对于质量块,根据冲量定律,在碰撞过程中其动量变化等于所受外碰撞冲量的矢量和。有

$$m_2 u_2 - m_2 v_2 = S_1$$

因 $v_2 = 0$,$|S_1| = |S_2|$,故有

$$S_1 = S_2 = m_2 u_2$$

$$u_2 = v_2 + \int_0^{\tau_2} a_2 \, \mathrm{d}t = \int_0^{\tau_2} a_2 \, \mathrm{d}t$$

两物体碰撞的恢复系数为

$$e = -\frac{u_1 - u_2}{v_1 - v_2}$$

碰撞过程中的动能损失为

$$\Delta T = \frac{1}{2} \frac{m_1 \cdot m_2}{m_1 + m_2}(1 - e^2)(v_1 - v_2)$$

对于质量块上安装的加速度传感器,其电荷灵敏度为 $S_{q2}[\mathrm{pC}/(\mathrm{m} \cdot \mathrm{s}^{-2})]$,电荷放大器 2 的灵敏度指示与其相同,增益为 $G_2[\mathrm{mV}/(\mathrm{m} \cdot \mathrm{s}^{-2})]$,示波器上测量的加速度波形的峰值电压为 $U_{p2}(\mathrm{mV})$,波形宽度为 $\tau_2(\mu\mathrm{s})$,$0 \sim \tau_2$ 时间内的面积为 $A_2(\mathrm{mVs})$,如图 4.2.3 所示。

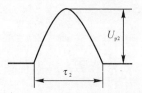

图 4.2.3　质量块实测加速度波形

有以下公式:

碰撞过程的持续时间为 $\tau_2(\mu\mathrm{s})$。

碰撞的最大加速度为

$$a_{p2} = \frac{U_{p2}}{G_2} \quad (\mathrm{m} \cdot \mathrm{s}^{-2})$$

碰撞的最大碰撞力为

$$F_{p2} = m_2 a_{p2} \quad (\mathrm{N})$$

碰撞后的速度为

$$u_2 = \iint_0^{\tau_2} a_2 \, \mathrm{d}t = \frac{A_2}{G_2} \quad (\mathrm{m} \cdot \mathrm{s}^{-1})$$

碰撞的冲量为

$$S_1 = S_2 = m_2 u_2 \quad (\mathrm{N} \cdot \mathrm{s})$$

碰撞的平均碰撞力为

$$F_{av2} = \frac{S_1}{\tau_2} \quad (N)$$

对于冲击摆上安装的加速度传感器,其电荷灵敏度为 $S_{q1}[pC/(m \cdot s^{-2})]$,电荷放大器 1 的灵敏度指示与其相同,增益为 $G_1[mV/(m \cdot s^{-2})]$,示波器上测量的加速度波形的峰值电压为 $U_{p1}(mV)$,波形宽度为 $\tau_1(\mu s)$,$0 \sim \tau_1$ 时间内的面积为 $A_1(mV \cdot s)$,如图 4.2.4 所示。

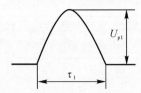

图 4.2.4 冲击摆实测加速度波形

有以下公式:

碰撞过程的持续时间为 $\tau_1(\mu s)$。

碰撞的最大加速度为

$$a_{p1} = \frac{U_{p1}}{G_1} \quad (m \cdot s^{-2})$$

碰撞的最大碰撞力为

$$F_{p1} = \frac{I_o}{(l+r)^2} a_{p1} \quad (N)$$

碰撞的冲量为

$$S_2 = S_1 = m_2 u_2 \quad (N \cdot s)$$

碰撞的平均碰撞力为

$$F_{av1} = \frac{S_2}{\tau_1} \quad (N)$$

根据动能定理,有

$$m_0 g \frac{l}{2}(1 - \cos\theta) + m_1 g \cdot (l+r)(1 - \cos\theta) = \frac{1}{2} I_o \omega_0^2$$

而 $\omega_0 = \dfrac{v_1}{l+r}$,故碰撞前的速度为

$$v_1 = \sqrt{\frac{[m_0 l + 2m_1(l+r)] g(1 - \cos\theta)}{I_o}}(l+r) \quad (m \cdot s^{-1})$$

冲击摆对轴 O 的转动惯量为

$$I_O = \frac{1}{3} m_0 l^2 + \frac{2}{5} m_1 r^2 + m_1 (r+l)^2$$

根据以上公式即可完成实验所要求的全部内容。

4.2.5 实验步骤

(1)实验装置如图 4.2.1 所示,加速度传感器分别与电荷放大器相连,电荷放大器的输出分别接入数字存储示波器的通道。

(2)电荷放大器的"传感器灵敏度"旋钮分别调整到与加速度传感器 1、2 的电荷灵敏度相同,"输出"旋钮分别置 1、10[即增益 $G_1 = 1.0$ mV/(m·s^{-2}),$G_2 = 10.0$ mV/(m·s^{-2})],"下限频率"均置 1 Hz,"上限频率"分别置 3 kHz 和 1 kHz,开机预热。

(3)打开示波器电源开关,自检后可进行设置。对于面板上的"菜单""测量""光标"等按键,按下后在屏幕下方将显示相应的功能键,按下某一功能键,屏幕右侧将显示其对应的选择键。对于水平单元,调整"位置"旋钮,使屏幕上显示的 T 值约在 20%;调整"标度"旋钮,使屏幕上显示的 M 值约在 200 μs。对于垂直单元,按下"菜单"键,"耦合"选择"交流";"反向"选择"关闭";"带宽"选择"全带宽";"精细刻度"可通过面板上的"通用"旋钮选择,本实验对"CH1"选在 2.00V/格左右,"CH2"选在 1.00 V/格左右;"位置"可通过面板上的"通用"旋钮选择;"偏差"选择"0 V";"探头设置"选择"1×";通过面板上的"标度"旋钮,也可调整"CH1""CH2"垂直坐标的刻度。对于触发单元,按下"菜单"键,"型号"选择"边沿";"源"选择"CH1";"耦合"选择"高频抑制";"斜率"选择"上升沿";"电平"可通过面板左上角的"通用"旋钮选择,本实验选在 1.0 V 左右。对于采集单元,按下"菜单"键,"模式"选择"取样";"水平分辨率"选择"常规";其余不变。

(4)按下示波器采集单元上"单一序列"按钮,将冲击摆托起,使指针指在角度刻盘的 30°位置上(即 $\theta = 30°$)后自由释放,屏幕上将显示出冲击摆和质量块碰撞过程中的加速度波形。若波形不正确或不便于测量,调整后重复。

(5)按下示波器面板上的"CH1"键后再按下"测量"键,"测量选择"选择"最大""面积";"选通开关"选择"在垂直条光标之间";"统计"选择"关";"高-低设置"选择"矩形图"。按下"CH2"键,重复以上步骤。

(6)按下示波器面板上的"光标"键,"光标功能"选择"垂直条";"模式"选择"独立";"垂直条单元"选择"秒";将两条光标移至屏幕上。

(7)按下示波器面板上的"CH1"键,通过"选择"键,使得左侧垂直条光标变成实线,调整"通用"旋钮移动该垂直条光标到波形左侧,使屏幕上@的垂直示值为 0 V 或为最小绝对值;再按下"选择"键,使得右侧垂直条光标变成实线,调整"通用"旋钮移动该垂直条光标到波形右侧,使屏幕上@的垂直示值为 0 V 或为最小绝对值;此时屏幕上△的水平示值即为加速度波形的宽度,也即碰撞过程的持续时间 τ_1,最大示值即为 U_{p1},面积示值即为在 $0 \sim \tau_1$ 时间内加速度波形的积分 A_1。

说明:屏幕上@的水平示值为实线垂直条光标与触发光标之间水平坐标的差值,右侧为正,左侧为负;垂直示值为实线垂直条光标与零电平光标之间垂直坐标的差值,在上为正,在下为负。屏幕上△的水平示值为实线垂直条光标与虚线垂直条光标之间水平坐标的差值;垂直示值为实线垂直条光标与虚线垂直条光标之间垂直坐标的差值。

(8)按下示波器面板上的"CH2"键,通过"选择"键,使得左侧垂直条光标变成实线,调整"通用"旋钮移动该垂直条光标到波形左侧,使屏幕上@的垂直示值为 0 V 或为最小绝对值;再按下"选择"键,使得右侧垂直条光标变成实线,调整"通用"旋钮,移动该垂直条光标到波形右侧,使屏幕上@和△的垂直示值为 0 V 或为最小绝对值。此时屏幕上△的水平示值即为加速度波形的宽度,也即碰撞过程的持续时间 τ_2,最大示值即为 U_{p2},面积示值即为在 $0 \sim \tau_2$ 时间内加速度波形的积分 A_2。

(9)数据经指导教师检查无误后,关闭仪器电源,复原并整理。

4.2.6 实验数据及处理

(1)已知参数:$m_0=0.2$ kg,$l=0.475$ m,$m_1=0.54$ kg,$r=0.025$ m,$m_2=13$ kg,$\theta=30°$,$G_1=1.0$ mV/(m·s^{-2}),$G_2=10.0$ mV/(m·s^{-2}),$g=9.8$ m·s^{-2}。

(2)测量参数见表4-2-1。

表4-2-1 测量参考表

	波形宽度 τ_i/μs	峰值电压 U_{pi}/mV	波形面积 A_i/(mV·s)
冲击摆			
质量块			

(3)计算参数见表4-2-2。

表4-2-2 计算参数表

	τ_i/μs	a_{pi}/(m·s^{-2})	F_{pi}/N	F_{avi}/N	S_i/(N·s)	v_i/(m·s^{-1})	u_i/(m·s^{-1})
冲击摆							
质量块							
冲击摆对轴 O 的转动惯量 I_o/(kg·m^2)							
冲击摆与质量块碰撞的恢复系数 e							
碰撞过程中的动能损失 ΔT/J							

4.2.7 思考题

(1)试分析在实验的全过程中,采用的哪些公式和具体方法可能使得碰撞恢复系数的测量产生误差? 如何分析误差范围?

(2)对于示波器水平单元,若调整"标度"旋钮,使屏幕上显示的 M 值约在200 ms左右,可测量出冲击摆与质量块多次碰撞的加速度波形。试对该波形进行测量并分析,看能得到哪些参数。

(3)利用该实验装置还能测量出碰撞系统的哪些参数(如冲击摆的摆动周期、转动惯量及碰撞前的速度,质量弹簧系统的振动周期等)?

第 5 章　实验设备介绍

5.1　万能材料试验机

在材料的力学性能测试中用来施加载荷的设备被称为材料试验机,对应力学中的静态载荷和动态载荷、疲劳载荷等可分为静载试验机、动载试验机和疲劳试验机。根据不同载荷形式有单轴拉压试验机、扭转试验机、拉扭复合试验机、双轴拉伸试验机等,根据驱动方式可分为液压式试验机和机械式试验机等。其中最普遍使用的一种试验机,更换不同夹具可以兼做拉伸、压缩、剪切、弯曲等实验,称之为万能(通用)材料试验机(universal testing machine)。

试验机的加载控制信号来自于载荷、位移和应变 3 种形式,根据不同实验要求按需选用。当前由计算机程序控制的试验机已经成为主流,大大提高了实验水平、测试精度和实验效率。

5.1.1　电子万能试验机

电子万能材料试验机(见图 5.1.1)是采用电子技术(或电子计算机)控制的万能材料试验机。当前主流设备是全数字闭环控制的万能材料试验机,这种设备采用实时闭环控制等测控技术,各信号通道都采用高精度传感器监测反馈或控制,不仅可以完成拉伸、压缩、弯曲、剪切等常规实验,还能进行载荷或变形循环、蠕变、松弛和应变疲劳等一系列静、动态力学性能实验,测量精度高,加载控制简单,可以对整个实验程序进行设计并监控,测试完毕后直接输出实验分析结果和实验报告。

1. 设备构成

(1)紧急情况下的停止按钮:一般处于设备最显著的位置,是一个红色的大按钮。实验过程中若出现异常情况应迅速按"急停"按钮,查找原因,系统正常后再按正确步骤进行实验。

(2)机架:用来构成设备主要框架,承担在加载过程中的载荷。根据设备载荷大小,机架分为单立柱型、双立柱型两种。

(3)横梁:横梁通过构成立柱的丝杠驱动上下移动,与两侧立柱和工作台形成封闭空间,对夹持于工作台和横梁之间的试样施加载荷。横梁的移动速度受控于设备的控制器,无论是横梁移动速率控制、加载载荷速率控制还是应变控制,最终均需反映为对应的横梁移动速率。

(4)驱动系统:两根立柱(滚珠丝杠)穿过横梁且两端分别安装在横梁和工作台上。工作台下部驱动部分的伺服电机驱动机械传动减速器并通过圆弧齿形带、齿轮带动两根滚珠丝杠副的作用时,驱动横梁上下移动。

(5)夹具:安装在横梁和工作台之间,有多种类型,用来夹持各类试样,如拉伸夹具、剪切夹具、弯曲夹具等。

(6)载荷传感器:用于测试所施加载荷的传感器,通常使用电阻应变式传感器,其基本原理为外加载荷正比于结构上变形(胡克定律)。为保证测试精度,载荷传感器需进行定期检测以

四立柱,其中两个立柱为螺纹丝杠,另外两个为光滑立柱。设备上可见两个横梁和一个工作台面,将设备测试空间分隔为拉伸空间和压缩空间。

(3)横梁:可调横梁与螺纹丝杠相连,主要目的是在实验前快速调整位置,以产生合适的实验空间,加载过程中,可调横梁处于静止状态。上横梁与工作台面实际是一体的,通过光滑立柱相连。

(4)驱动系统:两根光滑立柱及工作台面与处于工作台面下的液压油缸相连,当液压油缸的活塞杆在高压油液作用下向上运动时,工作台面及上横梁同步上移。由于可调横梁固定不动,在拉伸空间和压缩空间配置相应的夹具可实现拉伸压缩实验。在压缩空间换装弯曲夹具,还可实现弯曲试验。

(5)夹具:安装在可调横梁和工作台或者可调横梁和上横梁之间,有多种类型,用来夹持各类试样,如拉伸夹具、剪切夹具、弯曲夹具等。特别要注意的是,液压万能试验机上的拉伸夹具通常也是液压夹紧,其夹紧力大,夹紧速度快,要安全操作,防止夹伤手指。

(6)载荷传感器:一部分液压万能试验机的载荷传感器为电阻应变式传感器,其基本原理为外加载荷正比于结构上变形(胡克定律)。为保证测试精度,载荷传感器需进行定期检测以满足精度要求,也有一些液压万能材料试验机采用载荷传感器测量油液压强的方法,主要适应于大载荷条件,如大于 5 000 kN。

(7)横梁位移传感器:通常安装在设备内部,采用光栅或差动变压器等工作原理测量横梁位移量。

(8)变形传感器(引伸计):通常是可拆装的附件,用于测量实验过程中试样的变形。应变式的引伸计原理是梁的弯曲变形和梁的应变之间的正比关系。

(9)输入输出系统:即人机交互软件界面,通常为连接于设备的计算机上的专用软件,在软件中,可设置实验方案,控制实验设备,并可输出实验中的各类信息和结果。

2.使用方法及注意事项

(1)打开计算机主机和试验机电源,预热 30 min。

(2)启动油泵,按照实验需求更换夹具,更换夹具过程中,要注意安全,当心手部被压伤或挤伤。

(3)按照实验方案,新建或调用原有实验方法文件,在实验方法文件中更新试样信息,控制参数,如通道限制触发参数、数据存储参数等。

(4)调节工作台面上移 10 mm 左右,以确保高压油已经进入油缸,活塞已处于工作位置。载荷通道信号清零。安装试样,安装时如果要调整横梁位置,则使用可调横梁调节开关,使可调横梁上下运动到合适位置。拉伸试样要确保夹持段在夹块中 2/3 以上,压缩试样则需放置在与试验机轴线同轴的位置,通过手动调节横梁,使上表面与横梁上的压缩夹具表面之间距离约 1 mm。调节过程要避免放置速度过快而发生碰撞。

(5)根据需要在试样上安装引伸计。

(6)除载荷通道外,对位移信号和应变信号清零。

(7)调用编制的实验方法,按动"启动"按钮,开始实验,在实验完成后,及时按下"停止"按钮,停止实验。

(8)如果试样已经破坏,载荷已经为零,则可打开夹具,取下试样,或者向上移动横梁,以便取下压缩试样。如果试样并未破坏,载荷不为零,则需以缓慢速度人工操纵横梁移动卸载,随后取下试样。

5.2　扭转试验机

NWS-500C 扭转试验机主要由全数字交流伺服驱动系统、计算机控制、数据采集及处理系统组成。整个实验过程加载无冲击、稳定。数据的测量由扭矩传感器、光电编码器等完成。扭矩传感器采集施加在试样上的扭矩,光电编码器采集试样产生的扭角;要求检测材料的剪切模量时,还要增加扭转角度计。实验由计算机进行控制、数据处理及结果输出。

5.2.1　试验机功能与构成

该设备(见图 5.2.1)适用于金属材料、非金属材料、复合材料以及构件的扭转性能测试实验,可以满足 GB/T 10128—2007《金属材料　室温扭转试验方法》规定的实验要求。

该设备具有扭矩和角度两种控制模式,两种控制模式能相互切换,也能完成等扭矩加载和扭矩保持等实验,还能自动求取材料的剪切模量 G、规定非比例扭转应力 τ_p、屈服点应力 τ_s、上屈服点应力 τ_{su}、下屈服点应力 τ_{sl}、抗扭强度 τ_b 等性能参数,并对实验数据进行统计和处理,然后输出各种要求格式的实验报告和特性曲线图样。在该设备运行过程中,速度平稳,不随负荷变化,并能正反向施加扭矩。该设备具有超载保护功能。当负荷大于额定负荷 110% 时,该设备自动停止并发出警告。实验正常停止情况分为试样断裂和达到实验预设值两种。当试样断裂时能迅速停止以防止冲击。实验过程能随时停止,且不影响测量精度。该设备设有紧急停止按钮,并能自锁。该设备具有自动对正功能,在一次实验结束后,按对正键,即能自动恢复机器的初始状态。该设备具有试样保护功能,能自动消除试样的初始夹持力。

(1)主机:电子扭转试验机主机采用卧式结构。右边为驱动箱,内部有电机驱动可旋转夹头。左边为固定端,安装有静止夹头和扭矩传感器。左右夹头相对旋转,对试样加载并将扭矩传到扭矩传感器输出,加载系统可沿导轨移动,用于调整实验空间。

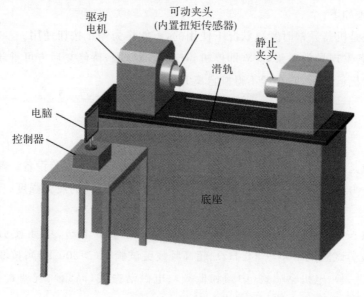

图 5.2.1　扭转试验机

(2)传动系统:通过采用交流伺服电机和驱动器,保证实验过程的宽范围速度连续调节和均匀加载。

(3)扭矩及扭角的检测:采用高精度扭矩传感器,可正反两方向测量扭矩;扭转角的输出通过交流伺服电机导出,以保证显示角度的真实有效。计算机数据采集处理系统将传感器信号处理后在计算机屏幕上显示。

(4)测量控制系统:力测量控制系统由高精度双向对称性扭矩传感器、稳压电源、测量放大器、A/D转换器等组成;位移测量控制系统由倍频整形电路、计数电路等组成。通过各种信号处理,测量控制系统实现计算机控制、数据处理、显示等功能。

5.2.2 使用方法及注意事项

(1)开机:打开计算机主机、试验机电源和控制系统。

(2)扭转夹具安装:按照实验需求更换实验夹具,注意安全,防止压伤或挤伤。

(3)状态调整:根据实验所需空间,调整试验机扭转位置,以确保夹持端处于工作位置。

(4)方法设置:按照实验方案,新建或调用原有实验方法文件,在实验方法文件中更新试样信息和控制参数,如试样保护设置、通道限制触发参数、数据存储参数等。

(5)试样安装:将试样夹持段插入静止夹头,然后空转可动夹头至平行位置,平缓推动可动夹头的箱体,使试样另一个夹持段插入可动夹头中。在试样安装过程中,要在适当的时机清零载荷传感器。由夹具两端夹持试样后产生的微小载荷,是不能清零的。

(6)启动实验:在控制软件中,调用编制的实验方法并启动实验。

(7)实验停止:扭转实验可设置特定的监控条件,以在试验件断裂时自动停止实验,也可在实验进行中人为停止实验。

(8)结束实验:在实验停止后,检查实验状态,在确保安全的情况下,打开夹具,取下试样,试验机恢复原状。依次关闭控制系统、控制软件、试验机和电脑,结束实验。

(9)注意事项如下:

1)急停开关是机器异常时紧急状况下使用的,不能作为停止按钮使用。

2)实验时,若发现异常现象,应立即停机,查处故障原因,待修复后方可重新启动。

3)扭转试验机运转时,操作者不得擅自离开。

5.3 疲劳试验机

疲劳试验机是一种测试交变应力下材料及其结构疲劳特性的试验设备。疲劳试验机可以精确控制交变应力的循环特征和时间历程,以得到材料及其结构的疲劳强度、疲劳寿命及其裂纹扩展特性。

疲劳试验机按实验频率可分为低频疲劳试验机(＜30 Hz)、中频疲劳试验机(30～100 Hz)、高频疲劳试验机(100～300 Hz)、超高频疲劳试验机(＞300 Hz);按驱动方式可分为机械与液压式(低频)、电机驱动式(中频和低频)、电磁谐振式(高频)、气动式和声学式(超高频)试验机。本节主要介绍电液伺服疲劳试验机。

INSTRON8801 型电液伺服疲劳试验机(见图 5.3.1)属于液压式低频疲劳试验机,能够满足各种静态和动态实验的复杂要求,适用于材料与元件静力与疲劳实验、热机械疲劳实验及断裂力学实验。它具有载荷、位移、应变三种控制模式,可实现正弦波、三角波及方波程序加载和随机谱载荷疲劳加载。

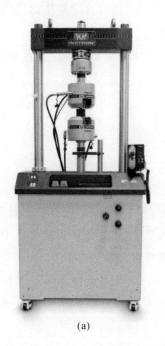

(a)

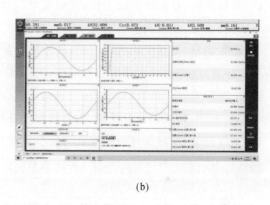

(b)

图 5.3.1　INSTRON8801 型电液伺服疲劳试验机与实验控制软件界面

(a)试验机外形;　(b)实验控制软件界面

5.3.1　设备构成

(1)紧急情况下的停止按钮:一般处于设备最显著的位置,是一个红色的大按钮。实验过程中若出现异常情况应迅速按"急停"键按钮,查找原因,系统正常后再按正确步骤实验。

(2)门式承力框架:设备的主要框架,由工作台、双立柱和横梁共同构成,作为实验安装的主要区域,并承担在加载过程中的载荷。其中,顶部横梁处于试验机上部,可通过液压作动器驱动调整位置,以产生合适的实验空间,在加载过程中,顶部横梁处于静止状态。

(3)驱动系统:由双向作用电液伺服作动缸、伺服阀及其附属的液压泵站构成。作动缸位于机架下部,在高压油的驱动下进行上下运动,给试样加载。

(4)夹持系统:由上、下夹头共同构成,分别安装在顶部横梁和液压油缸上,用于夹持各类试样。特别要注意的是,本型电液伺服疲劳试验机配备了液压夹头,实验操作时,应注意安全,防止夹伤。

(5)测量系统:由载荷传感器、变形传感器(引伸计)、位移传感器及相应的放大器组成,用于测量载荷、变形和位移的大小并将信号送给控制系统。载荷传感器为电阻应变式传感器,载荷范围为 ± 100 kN,具备 Dynacell™专利载荷传感器技术,可加快实验进度,减少惯性误差。

位移传感器安装在作动缸内部,采用磁致伸缩原理测量作动缸的位移量。变形传感器(引伸计)用于测量实验过程中试样标距内变形的设备。

(6)控制系统:由计算机、控制软件和伺服阀共同组成闭环控制系统。计算机是控制系统的硬件设备,控制软件对命令和反馈信号进行对比分析,控制伺服阀调整供油情况,从而实现命令与反馈信号的一致。INSTRON8801型电液伺服疲劳试验机可以实现位移、载荷、变形三个通道的闭环控制,使得各种复杂的加载方案可以顺利实现。

(7)人机交互系统:由计算机和智能化软件系统构成,用来设置实验方法和程序、采集实验数据,并输出实验中的各类信息和结果。

5.3.2 使用方法和注意事项

(1)开机预热:打开计算机主机、试验机电源和液压泵站,预热 30 min。

(2)夹具安装:按照实验需求更换试验夹具,注意安全,防止压伤或挤伤。

(3)状态调整:根据实验所需空间,调整横梁位置,调节作动缸位置,以确保作动缸处于工作位置。注意,应考虑到试样的变形情况,确保整个实验过程中,作动缸处于位移行程内。

(4)方法设置:按照实验方案,新建或调用原有实验方法文件,在实验方法文件中更新试样信息和控制参数,如试样保护设置、通道限制触发参数、数据存储参数等。

(5)试样安装:拉伸试样要确保夹持段在夹块中 2/3 以上,压缩试样则需放置在与试验机轴线同轴位置。在试样安装过程中,要在适当的时机清零载荷传感器。由夹具两端夹持试样后产生的微小载荷,是不能清零的。

(6)传感器信号调整:一般情况下,在夹紧上夹头之后,清零载荷传感器,然后再夹紧下夹头。如果需要,可在试样上安装引伸计。除载荷通道外,清零位移信号和引伸计信号。

(7)启动实验:在控制软件中,调用编制的实验方法并启动实验。

(8)实验停止:疲劳实验可设置特定的监控条件,以在试样断裂时自动停止实验,也可在实验进行中人为停止实验。

(9)结束实验:在实验停止后,检查实验状态,在确保安全的情况下,打开夹具,取下试样,并将作动缸调整到最低状态。依次关闭油源系统、控制软件、试验机和电脑,结束实验。

5.4 应变电测技术简介

应变电测技术是确定构件表面应变和应力的重要技术,在当前的科学实验和工程测试中发挥着重要的作用。此外,通过测量弹性元件的应变,可以间接得到力、力矩、压强、位移、加速度等其他力学参量。因此,学习应变电测技术的基本原理,掌握应变片的粘贴、桥路设计和测量技术,有很高的应用价值,可为自主开展结构或材料的力学性能研究提供有效的测量手段。

应变电测技术的基本原理是:以粘贴在构件表面的电阻应变片为敏感元件,由于测量点发生变形,应变片随之变形,进而产生电阻的变化,电阻应变仪将应变片的电阻变化转换成电信号并放大,转化为应变值输出。

应变电测技术具有灵敏度高、元件小、精度高等优点,但其也有很多局限性,如只能测量构件表面有限数量点的应变,很难实现全场测量,当测点较多时,准备工作量非常大。应变片所测应变是应变片敏感栅投影面积下构件应变的平均值,对于应力集中和应变梯度很大的部位,会引起较大误差。

1856 年 W. Thomson 在进行铺设海底电缆工作时,发现电缆的电阻值随海水的深度不同而变化,从而进一步发现铜和铁丝拉伸与其电阻变化成函数关系。后来,应变电测技术于 1938 年由麻省理工学院的 Arthur C. Ruge 教授(1905—2000 年)和加州理工学院的 Edward E. Simmons 教授(1911—2004 年)分别发明。Ruge 教授最初的目的是帮助他的研究生研究高架水箱的地震应力,当时的应变计结构原理非常简单,如图 5.4.1 所示,一小块高电阻的灯丝弯曲成锯齿状,固定在一个刚性的底座(胶水)上。Ruge 开始专利申请后,发现加州理工学院的 Simmons 在一年前发明了同样的设备,于是两人一起申请了这项专利。20 世纪 50 年代前后,Baldwin 和 Dentronics 等公司开始生产和销售应变计,如图 5.4.2 所示。

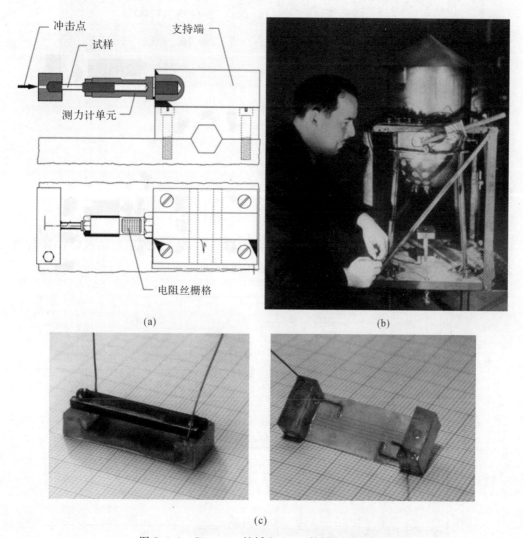

图 5.4.1　Simmons 教授和 Ruge 教授发明的应变计

(a)Simmons 的发明;　(b)Arthur C. Ruge 在小型水箱模型上使用应变计;　(c)Arthur C. Ruge 的发明

　　无论在实验室还是工业界,使用电阻应变片测量应变以及基于这种应变测试技术发展起来的各种自动化测量装置和传感器,都显示出电阻应变测量技术具有广泛的应用需求和发展潜力,尤其在航空航天科技领域,对飞行器结构开展应变测量,以评估结构的受力状态和强度,预测破坏位置和破坏载荷,为结构试验验证提供关键数据。应变片的发明,对第二次世界大战期间提高飞机的结构设计水平起到了巨大的推动作用,并继而在航天、船舶、汽车等任何可能产生变形的结构上广泛应用。同时,应变片还作为敏感元件被长期安装或埋设在结构内部,在飞行器服役过程中,实时输出结构上的应变,通过自动分析,实现对结构的健康监测。

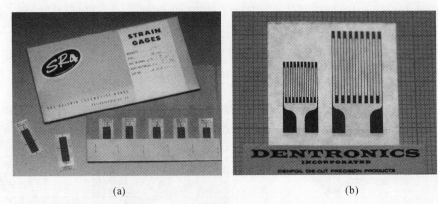

(a)　　　　　　　　　　　　　　　　　(b)

图 5.4.2　早期生产和销售的应变计

(a)Baldwin 公司,1941 年;　(b)Dentronics 公司,1960 年

5.4.1　电阻应变片的结构和原理

1.电阻应变片的结构

　　电阻应变计主要是由基底、敏感栅、覆盖层及引线组成的,敏感栅用黏结剂粘在基底和覆盖层之间。一种箔式应变计的典型结构如图 5.4.3 所示。

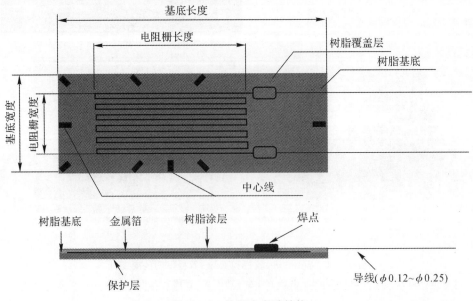

图 5.4.3　电阻应变计结构

（1）基底：基底的作用是固定敏感栅，并使敏感栅与被测物体绝缘。基底要将被测体的应变准确地传递到敏感栅上，因此它很薄，一般为 0.03～0.06 mm，由具有一定的机械强度且黏结性能和绝缘性能好的材料制作，常见的有特殊纸、胶膜和玻璃纤维布等。

（2）敏感栅：敏感栅是用合金丝或合金箔支撑的栅状结构，是应变片的核心部分，常用的材料有铜镍合金（俗称康铜）、镍铬合金及镍铬改良性合金、铁铬铝合金、镍铬铁合金及铂金。当前多用厚度约为 0.01～0.05 mm 的合金箔制成。

（3）覆盖层：覆盖层的作用是保护敏感栅，使其避免受到损伤、氧化及绝缘、防潮等。常被用来作基底的胶膜或玻璃纤维布，也可以用在敏感栅上涂覆制片时所用的胶黏剂作为保护层。

（4）引线：引线是连接敏感栅和测量电路的丝状或带状的金属导线。一般要求引线具有低的、稳定的电阻率及小的电阻温度系数。一般采用焊接方便的镀银软铜线。

2. 金属丝的灵敏系数

把应变片的敏感栅视为金属电阻丝，如图 5.4.4 所示，当金属丝未受力时，原始电阻值为

$$R = \frac{\rho L}{S} \tag{5.4-1}$$

式中，R 为金属丝的电阻；ρ 为金属丝的电阻率；L 为金属丝的长度；S 为金属丝的截面积。

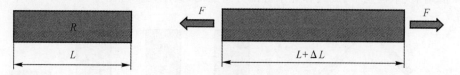

图 5.4.4　金属电阻丝力变形情况

当金属丝受到拉力 F 作用时，将伸长 ΔL，横截面积相应减小 ΔS，电阻率也将改变 $\Delta \rho$，从而引起金属丝电阻的改变。

对式（5.4-1）作全微分，有

$$dR = \frac{\rho}{S}dL - \frac{\rho L}{S^2}dS + \frac{L}{S}d\rho \tag{5.4-2}$$

式（5.4-2）左边除以 R，右边除以 $\rho L/S$，可得

$$\frac{dR}{R} = \frac{dL}{L} - \frac{dS}{S} + \frac{d\rho}{\rho} \tag{5.4-3}$$

若金属丝的截面是圆形的，则 $S = \pi r^2$（r 为金属丝的半径）。对 S 作微分，得 $dS = 2\pi r dr$，则

$$\frac{dS}{S} = 2\frac{dr}{r} \tag{5.4-4}$$

令金属丝的轴向应变为

$$\varepsilon_x = \frac{dL}{L} \tag{5.4-5}$$

金属丝的径向应变为

$$\varepsilon_y = -\mu \varepsilon_x \tag{5.4-6}$$

式中，μ 为金属丝材料的泊松比，负号表示应变方向相反。

将式（5.4-6）代入式（5.4-2），可得

$$\frac{\mathrm{d}R/R}{\varepsilon_x} = (1+2\mu) + \frac{\mathrm{d}\rho/\rho}{\varepsilon_x} \tag{5.4-7}$$

定义

$$K_s = \frac{\mathrm{d}R/R}{\varepsilon_x} = (1+2\mu) + \frac{\mathrm{d}\rho/\rho}{\varepsilon_x} \tag{5.4-8}$$

则 K_s 称为金属丝的灵敏系数,其物理意义为单位应变所引起的电阻阻值的相对变化。显然,K_s 越大,单位应变引起的电阻阻值的相对变化越大,说明其越灵敏。

从式(5.4-8)可以看出,金属丝的灵敏系数 K_s 由两个因素决定:第一项 $(1+2\mu)$,它是由金属丝受拉伸力作用后,材料的几何尺寸发生变化而引起的;第二项 $\frac{\mathrm{d}\rho/\rho}{\varepsilon_x}$,它是由材料发生变形时,其自由电子的活动能力和数量均发生了变化而引起的。对于金属丝来说,第一项的值要比第二项的值大得多。

5.4.2 电阻应变仪的原理

电阻应变仪是根据应变电桥的原理制作而成的。目前应变仪的型号很多,基本是由测量电桥、K 值调节、平衡调节、放大和显示等部分组成的,其结构原理图如图5.4.5所示。

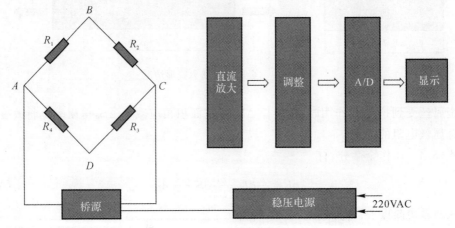

图 5.4.5 应变仪结构原理

1. 电桥

应变仪的核心部分是电桥。图5.4.5为应变仪的工作电桥。若 AB,BC,CD,DA 四个桥臂电阻分别为 R_1,R_2,R_3,R_4,在对角点 A,C 上加直流电压后,另一对角点 B,D 之间产生输出电压为

$$U_{BD} = E\frac{R_1 R_2 - R_2 R_4}{(R_1+R_2)(R_3+R_4)} \tag{5.4-9}$$

当4个桥臂上的电阻产生微小的改变量 $\Delta R_1,\Delta R_2,\Delta R_3,\Delta R_4$ 时,B,D 间的电压输出也产生改变量:

$$\Delta U_{BD} = E\frac{R_1\Delta R_3 + R_3\Delta R_1 - R_2\Delta R_4 - R_4\Delta R_2}{(R_1+R_2)(R_3+R_4)} \tag{5.4-10}$$

若4个桥臂为阻值和灵敏系数均相同的电阻应变片,即 $R_1=R_2=R_3=R_4=R$,考虑到

$$\frac{\Delta R}{R} = K\varepsilon$$

式(5.4 - 10)成为

$$\Delta U_{BD} = \frac{KE}{4}(\varepsilon_1 - \varepsilon_2 + \varepsilon_3 - \varepsilon_4) \tag{5.4 - 11}$$

　　式(5.4 - 11)表明,当 K 与 E 均为常数时,在小应变情况下,应变电桥的输出电压与 4 个桥臂应变的代数和成正比,相对桥臂相加,相邻桥臂相减。将该电压信号经模数转换和放大处理后,即可输出为待测试桥路的应变和。

　　通常来说,应变仪具有的灵敏系数 $K_{仪} = 2.0$,一般是固定的,如果被测应变片的灵敏系数 $K_{片}$ 值不等于 2.0,可通过 $\varepsilon_{仪}\,K_{仪} = \varepsilon_{片}\,K_{片}$ 来修正。其中,$\varepsilon_{仪}$ 为应变仪读数,$K_{片}$ 为被测应变片的灵敏系数,即 $\varepsilon_{片} = \varepsilon_{仪}\,K_{仪}/K_{片}$,其中,$\varepsilon_{片}$ 为被测应变片的应变值。

　　2. 应变仪的接桥方式

　　应变测试电桥有多种形式,常见的有图 5.4.6 中的 4 种,至于这些桥路在各型应变测试仪上的接线,需参照实际的应变仪使用说明书来实现。

　　温度补偿问题:实验中环境温度的轻微变化将使应变片阻值发生变化,应变读数的一部分由温度变化产生而非由外部加载产生,由于通常在理论计算中不考虑这种温度效应,因而这部分应变数据是无用的,需要从测量值中将其减去。当前采用两种方法:一种是采用温度自补偿应变片,该种应变片在一定温度范围内不会发生温度导致的阻值变化;另一种是采用在临边设置不受力(unstressed)但仅受环境影响的应变片,应用临边相减关系,将同样受环境影响的被测点应变输出量中的温度效应部分减去,称为温度补偿(temperature compensation),如图 5.4.6(b)所示。

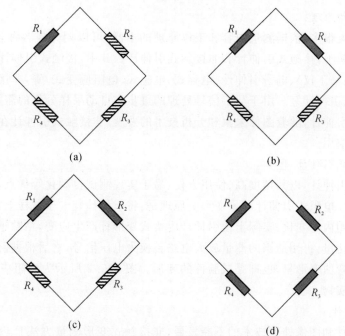

图 5.4.6　不同的应变测试电桥及其输出的总应变值

(a)1/4 桥,$\varepsilon_{\text{total}} = \varepsilon_1$;　(b)带温度补偿的半桥,$\varepsilon_{\text{total}} = \varepsilon_1 - \varepsilon_t$;

(c)半桥,$\varepsilon_{\text{total}} = \varepsilon_1 - \varepsilon_2$;　(d)全桥,$\varepsilon_{\text{total}} = \varepsilon_1 - \varepsilon_2 + \varepsilon_3 - \varepsilon_4$

5.5　常用传感器及标定

5.5.1　引伸计

变形测量是进行材料力学实验最基本的测量环节之一,而引伸计是用来测量构件及其他物体两点之间线变形的基本装置。最早的引伸计是由 Charles Huston 发明的杠杆式引伸计,如图 5.5.1 所示。

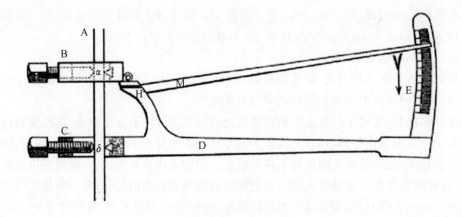

图 5.5.1　Charles Huston 发明的引伸计

1. 引伸计结构原理

引伸计的种类很多,依据测量内容和工作原理的不同,可以划分成各种各样的引伸计,总的来说可以归为两类:接触式引伸计和非接触式引伸计。其中,接触式引伸计包括机械引伸计(表式、杠杆式、马丁仪)、电子引伸计(电容式、电感式、电阻应变式)等,非接触式引伸计包括视频引伸计、激光引伸计等。由于数字信号处理的进步和自动采样分析的需要,当前普遍使用的是电阻应变式引伸计,随着图像采集和分析技术的发展,非接触式引伸计在近些年来也得到了越来越广泛的应用。

2. 电阻应变式引伸计

电阻应变式引伸计,以其精度高、使用方便、易于实现测试自动化等优点,在力学实验中得到了广泛的应用。电阻式引伸计测量变形的原理是:将引伸计装卡于试样上,刀刃与试样接触而感受两刀刃间距内的变化,实际上使引伸计内梁式变形杆产生应变,粘贴于其上的应变片将其转换为电阻变化量,再用适当的测量放大电路转换为电压信号,之后根据引伸计的灵敏系数再转换为悬臂梁弯曲变形量,也即是试验件的变形。图 5.5.2 所示为电阻应变式引伸计的结构原理及相应的实物。

3. 视频引伸计

随着光电器件和图像处理技术的不断发展,非接触式变形测量方法日趋成熟。视频引伸计就是一种典型的非接触式引伸计。视频引伸计系统主要由光源、电荷耦合器件(Charge-Coupled Device,CCD)、摄像头、图像采集模块、图像处理与控制模块和计算机等组成,通过数字图像采集分析技术实现位移和变形的测量。视频引伸计的测量原理如图 5.5.3(a)所示。另外,新型的数字图像相关(Digital Image Correlation,DIC)应变测量系统,虽然也基于图像分析技术,但可以测量全场(full field)的应变分布,具有更强的测试能力。

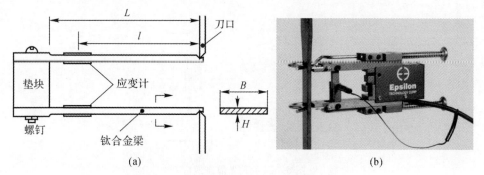

(a)　　　　　　　　　　　　　(b)

图 5.5.2　电阻式引伸计结构原理及实物图

(a)结构原理;　(b)实物

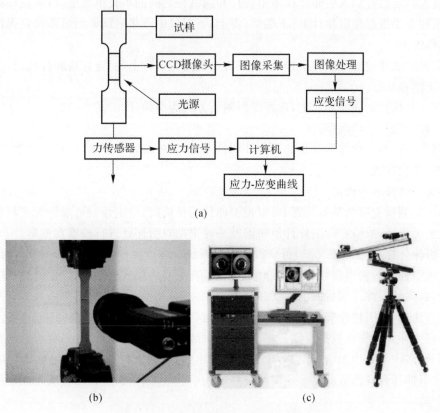

图 5.5.3　视频引伸计的测量原理及实物

(a)测量原理;　(b)视频引伸计;　(c)DIC 应变测量系统

4.激光引伸计

激光引伸计测量的基本原理为:当一束激光照射到光感粗糙表面时,会往不同的方向发散光线,这些光线发生漫反射,其中一部分光线返回到激光接收器,另一部分散射之后不返回激光接收器,这样就形成了颗粒状的散斑图,如图 5.5.4 所示。通过测量两个分离的激光图像之间的距离,测量出实时应变。

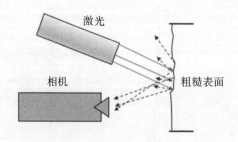

图 5.5.4　激光散斑效应

5.引伸计使用方法

此处以常用的电阻应变式引伸计为例介绍引伸计的使用方法。

(1)首先将定位针插入引伸计标矩限位杆和测量杆之间的小孔里固定,以防意外损坏。

(2)用两个手指捏住引伸计上、下端部,将上、下刃口中点接触试样测量部位且保持两刀刃垂直于试样轴向。

(3)用弹簧或橡皮筋分别将引伸计上、下刃口固定在试样上,固定好后轻轻抽出定位针,使引伸计处于测量状态。

(4)在试验机控制软件界面上,选择变形测量方式为引伸计。

(5)引伸计信号显示调零。

(6)当变形达到实验方案设置的引伸计切换点时,程序窗口有提示,应该迅速取下引伸计,插入定位销妥善放置。

6.引伸计的校准和检定

引伸计是测量变形的基本装置,可以说引伸计的精确度、稳定性及可靠性对于材料力学特性的测定至关重要,故应在新引伸计使用前及平时定期对引伸计进行校准和检定。

通过引伸计标定(见图 5.5.5)可获得引伸计系统最终位移量值的信息。对引伸计的标定就是将待测引伸计的输出读数与引伸计标定仪(具有更高的位移精度)给定的已知长度变化量进行比较,以确认引伸计测量的准确度和精度。

具体方法为:将引伸计安装在引伸计标定器上,引伸计的上臂与调节杆相连,下臂与固定杆相连。将引伸计的输出数据清零。移动引伸计标定器的调节杆,产生给定位移,观察引伸计数据并记录,多次等量增加给定位移,重复记录输出数据,最大位移不能超出待检定的引伸计量程,对比引伸计自身的数据与给定调节位移的关系,即可判断引伸计是否满足线性度和精度要求。

7.引伸计使用注意事项

(1)引伸计装置在试样上时,应尽可能使引伸计的纵向对称平面与试样轴线处在同一平面内,不产生左右倾斜。

(2)测量时注意变形量不能超过引伸计的测量范围,以免损坏引伸计。

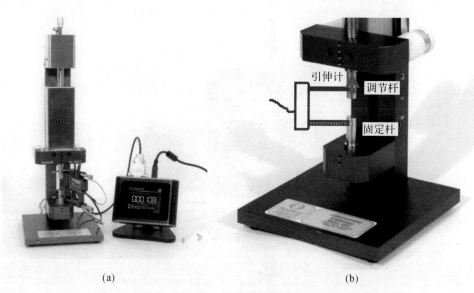

(a)　　　　　　　　　　　　　　　　(b)

图 5.5.5　引伸计标定

(a)引伸计标定器；　(b)引伸计安装在标定器上

5.5.2　载荷传感器

生活中最常见的载荷传感器有天平、杆秤、弹簧秤，以及在超市购物时常见的电子秤。其中电子秤的基本原理与力学实验中常用的载荷传感器基本相同。其实际上是测试一个变形体上的应变值来获得对应外载荷，根本上是在测量确定结构的应变。图 5.5.6 为常用的两种载荷传感器。

图 5.5.6　常用的两种载荷传感器(S 型和轮辐型)

1.载荷传感器的结构原理

以常用的 S 型载荷传感器为例，如图 5.5.7 所示，在传感器中间部位结构被局部减薄，以使其在外载荷作用下产生较大剪切变形，在此处粘贴应变片，应变值和外载荷为线性关系。经过载荷传感器的标定，可将测量出的应变值转化为外载荷值。

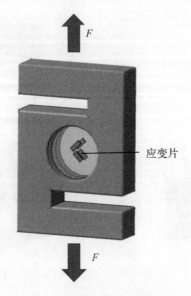

应变片

图 5.5.7　S 型载荷传感器的原理

2.载荷传感器的校准与检定

类似于引伸计,对载荷传感器也需要定期进行校准和检定。采用具有国家计量机构认可的更高精度的载荷传感器,或是已知的标准质量,串联于载荷传感器上,通过对已知载荷和待测传感器输出数据的对比,即可实现对传感器的校准和检定,确定载荷传感器的准确度和精度。

参 考 文 献

[1]   苟文选,王安强.材料力学[M].北京:科学出版社,2017.

[2]   叶华文,陈醉,曲浩博.魁北克大桥连续倒塌过程及结构冗余度分析[J].世界桥梁,2017,
       45(1):76 - 81.

[3]   李著璟.西奥多·库珀:魁北克大桥失事记[J].工程力学,1997(4):139 - 144.

[4]   天津大学材料力学教研室光弹组.光弹性原理及测试技术[M].北京:科学出版
       社,1980.

[5]   佟景伟.光弹性实验技术及工程应用[M].北京:科学出版社,2012.

[6]   肖永谦,段自力.光弹性矩阵原理和方法[M].武汉:华中理工大学出版社,1990.

[7]   计欣华,邓宗白,鲁阳.工程实验力学[M].北京:机械工业出版社,2005.

[8]   金保森,卢智先.材料力学实验[M].北京:机械工业出版社,2003.

[9]   老亮.材料力学史漫话[M].北京:高等教育出版社,1993.

[10]   方同,薛璞.振动理论及应用[M].西安:西北工业大学出版社,1998.

[11]   姚文莉,岳嵘.有争议的碰撞恢复系数研究进展[J].振动与冲击,2015,34(19):43 - 48.

[12]   张如一,陆耀桢.实验应力分析[M].北京:机械工业出版社,1981.

[13]   杨延华.引伸计的应用现状及发展趋势[J].理化检验(物理分册),2018,54(11):
       805 - 810.

[14]   胡国华,艾彦,唐亮.引伸计的过去和现在[J].理化检验(物理分册),2011,47(2):67 -
       71,74.

[15]   李演楷,卫明阳,张云辉,等.引伸计的测量原理及其改进方法[J].工程与试验,2010,50
       (3):64 - 66,74.

[16]   LUND J R, BYRNE J P. Leonardo Da Vinci's tensile strength tests: implications for
       the discovery of engineering mechanics[J]. Civil Engineering Systems, 2001, 18(3):
       243 - 250.

[17]   THOMSON W T. Theory of vibration with applications[M]. 北京:清华大学出版社,
       1972.

[18]   BRACH R M, GOLDSMITH W. Mechanical impact dynamics: rigid body collisions
       [M]. New York: John Wiley & Sons, 1991.

[19]   PEARSON C, DELATTE N. Collapse of the Quebec Bridge[J]. Perform Constr.
       Facil. , 2006, 20(1):84 - 91.

[20]   COKER E G, FILON L N G. A treatise on photoelasticity[M]. London:Cambridge
       University Press,1931.

[21]   KOBAYASHI A S. Handbook on experimental mechanics[M]. New York: Prentice
       Hall Inc. , 1987.